Marco Di Domenico

Das Brevier der Verwandlungen

Foto: © privat

DER AUTOR

Marco Di Domenico, den Biologen und Entomologen, Jahrgang 1967, mit Forschungsdoktorat an der Sapienza in Rom, hat es in die Türkei und nach Südafrika geführt. Dort spürte er vor allem der Morphologie und Ethologie der Libellen nach. Er war wissenschaftlicher Leiter des Naturmuseums in den Monti Prenestini, bevor er sich auf Biodiversität, invasive exotische Fauna und Insekten als Krankheitsüberträger fokussierte.
Er hat mehrere Sachbücher verfasst.

DIE ÜBERSETZERIN

Christine Ammann übersetzt seit mehr als 20 Jahren aus dem Italienischen, Französischen und Englischen. Zu ihren Autoren gehören David G. Haskell, Stefano Mancuso, Gianluigi Nuzzi oder Louis-Philippe Dalembert.
2016 Förderpreis zum Straelener Übersetzerpreis.

MARCO DI DOMENICO

DAS BREVIER DER VERWANDLUNGEN

METAMORPHOSEN IM TIERREICH

Aus dem Italienischen von Christine Ammann
Mit Illustrationen des Autors

FOLIO VERLAG
WIEN • BOZEN

Für meine Töchter

Nichts geht unter im riesigen Weltall, o schenket mir Glauben,
Sondern es wandelt und neuert die Form. Man nennt es Entstehen,
Wenn es beginnt, etwas andres zu sein, als es vorher gewesen.
Sterben, wenn es das Sosein endet. Wird jenes auch hierhin,
Dieses auch dorthin versetzt, die Summe verändert sich niemals.
Nichts, so möchte ich glauben, vermag in derselben Gestaltung
Lange zu dauern.

Ovid, Metamorphosen, XV, 254–260, deutsch von Hermann Breitenbach, Zürich 1958

Seht ihr nicht, dass wir alle Würmer sind
Für eines Himmelsschmetterling Entfaltung,
Der wehrlos zum Gericht den Flug beginnt!

Dante, Die Göttliche Komödie, Läuterungsberg, X, 124–126, deutsch von Wilhelm G. Hertz, München 1978

Aber der Zauber der Schmetterlinge rührt nicht nur von ihrer Farbenpracht und Symmetrie her, es kommen noch tiefgründigere Motive ins Spiel. Wir würden die Schmetterlinge für weniger schön erklären, wenn sie nicht flögen oder wenn ihr Flug zielstrebig und emsig wäre wie der der Biene oder wenn sie stächen, vor allem aber, wenn es da nicht in ihrem Leben das aufregende Mysterium der Metamorphose gäbe: in unseren Augen erlangt es den Wert einer verschlüsselten Botschaft, eines Symbols und eines Zeichens.

Primo Levi, Schmetterlinge, in Anderer Leute Berufe, deutsch von Barbara Kleiner, München 2004

Inhalt

Einleitung

Die Idee zu diesem Buch ist mir, wie so häufig, beim Autofahren gekommen. Vor einigen Jahren kehrte ich im Juli von einer Insektenfeldstudie in der Südtoskana zurück. Im Geiste ging ich noch einmal die Schmetterlinge durch, die ich gesehen und bestimmt oder zumindest fotografiert hatte und zu Hause hoffentlich würde bestimmen können: die Libellen, glücklicherweise einfacher zu identifizieren, die beiden Hirschkäfer-Weibchen, das Männchen, das ich durch die Dämmerung hatte fliegen sehen, den großen Holzbock auf der Wilden Möhre, den Nashornkäfer, leider von einem Auto zerquetscht. Wir alle haben klare Vorstellungen von Schmetterlingen, Libellen und Käfern. Bunt, flugfähig, gute Läufer, tag- oder nachtaktiv, zwei Fühler, sechs Beine, Facettenaugen. Als mich meine damals noch kleinen Töchter baten, einen Schmetterling zu zeichnen, malte ich ohne Zögern ein Insekt mit zwei Fühlern und großen farbenfrohen Flügeln auf das Blatt. Doch an diesem Juliabend wurde mir bewusst, dass das eigentlich nur ein Erscheinungsbild war: das für meine Sinne besonders einprägsame. Schmetterlinge sind, wie wir alle wissen, zunächst Raupen und bekommen erst später, durch Metamorphose, Flügel. Diese komplexe, wunderbar faszinierende Verwandlung blenden wir häufig aus, ebenso wie die damit einhergehenden Lebensphasen. Welche Arten würden zehn zufällig ausgewählten Menschen wohl zum Stichwort Metamorphose einfallen? Raupe und Schmetterling. Kaulquappe und Frosch. Viel mehr vermutlich nicht. Aber beschränkt sich die Metamorphose im Tierreich wirklich auf so wenige Arten? Ist sie die Ausnahme? Eine Laune der Natur? Nein. Als ich genauer nachdachte, fielen mir praktisch in jeder Tiergruppe Metamorphosen ein – nur bei Reptilien, Vögeln und Säugetieren nicht, die jedoch nur ein paar Zehntausend von insgesamt ungefähr eineinhalb Millionen Arten ausmachen. Unzählige vor allem marine Wirbellose, Myriaden von Parasiten, die überwiegende Zahl der Insekten, sehr viele Fische und fast alle Amphibien entwickeln ihre adulte Form aus einem völlig anders gestalteten Jungtier.

Die Metamorphose ist nicht die Ausnahme, sondern die Regel. Der Schmetterling ist keine Raupe, der Flügel wachsen; beide unterscheiden sich grundlegend in Morphologie, Physiologie, Anatomie, Ökologie und Ethologie. Schmetterlinge, Käfer, Seezungen, Weichtiere, parasitäre Würmer, Molche, Krustentiere, Aale, Frösche, Quallen, Libellen oder Seesterne machen extreme, teils unglaubliche Verwandlungen durch. Wir sehen nur einen winzigen Ausschnitt der überwältigenden Lebensvielfalt. Wir verkennen, dass die so wunderbar zirpenden Zikaden jahrelang als unscheinbare, stumme Insekten durch die Erde gekrochen sind oder der kleine blaue anmutige Falter auf der Bergalm den Winter als Raupe im Ameisenhaufen verbracht hat, dass die Scholle beileibe nicht immer platt war und gar nicht auf der Seite liegt, wir haben keine Ahnung vom endlosen Kampf zwischen Raupen und Parasiten oder der winzigen Larve der Gallwespe, in der sich vielleicht die noch kleinere Larve eines anderen Parasiten verbirgt. Wir reden viel von Biodiversität, aber die wahre Biodiversität steckt in dieser fast unbekannten Welt, in der Verwandlung, Metamorphose, die Essenz des Lebens selbst ist. Ihre Protagonisten sind die Raupen, Maden, Engerlinge und anderen Jugendstadien, aus denen sich die uns bekannten erwachsenen Tiere entwickeln. Diese Welt ist es wert, erzählt zu werden, allerdings ohne den geringsten Anspruch auf Vollständigkeit, der sich angesichts der unglaublichen Vielfalt an Formen und Gestalten verbietet. Doch es lohnt sich, dachte ich an jenem Juliabend, einmal einen anderen Blickwinkel einzunehmen: Ist die Raupe die Larve des Schmetterlings oder ist der Schmetterling die letzte Lebensphase der Raupe? Bei vielen Insekten und anderen Tieren dauert das Jugendstadium wesentlich länger als das adulte. Und nicht selten ist das erwachsene Tier lediglich Träger der Keimzellen. Sollte ich definieren, was das Wesen des Lebens ausmacht, würde ich antworten: Verwandlung, Transformation. Leben *ist* Wandel. Und die Metamorphosen der Tiere sind dafür ein unglaublich faszinierendes Beispiel.

Teil I
Wirbellose Meerestiere

Die Klassifizierung der Lebewesen, die Linné eingeführt hat und die wir immer weiter verfeinern und aktualisieren, wird die immense Vielfalt der Natur niemals widerspiegeln können. Mit der Einteilung in Reiche, Stämme, Klassen, Ordnungen, Familien, Gattungen und Arten mit endlosen Unterstämmen, Überklassen, Unterklassen, Zwischenklassen, Überordnungen, Überfamilien, Unterfamilien und sogar Untergattungen und Unterarten wie der Unterart *Homo sapiens sapiens* wollen wir die Lebewesen wie die Dateien auf unserem Computer in Schubladen stecken. Doch so sehr sich die Systematiker auch bemühen, sie stehen immer wieder vor Ausnahmen oder Gruppen, die nicht in die Taxonomie passen wollen.

Die Molekularbiologie hat das Ganze noch komplizierter gemacht. Jahrzehntelange Gewissheiten wurden infrage gestellt, denn offensichtlich entsprechen genetische und molekulare Vielfalt nicht unbedingt der Morphologie. Ähnliche Schmetterlinge gehören zu verschiedenen Arten, Vögel, die einst derselben Gruppe zugeordnet wurden, sind genetisch so unterschiedlich, dass sie einer anderen Ordnung zugeschlagen werden müssen. Sogar die Taxonomie von Mensch, Bonobo und Schimpanse muss neu geordnet werden. Manche sehen alle drei in der Familie der *Hominidae* (Bonobo, Schimpanse, Gorilla und Orang-Utan zählten früher zu den entfernteren *Pongidae*), andere sogar in der Gattung *Homo*. Selbst die in meiner Kindheit noch festgefügten fünf Reiche (Bakterien,

Protisten, Pilze, Pflanzen, Tiere) sind auf sechs angewachsen, weil sich die Bakterien in Bakterien und Archaeen aufspalteten. Ebenso bestehen die Protisten aus mehreren Untergruppen wie etwa den Chromista. Und auch einige Tiergruppen sind taxonomisch schwer einzuordnen.

Schwämme: schwer fassbar

Die Schwämme (*Porifera*) gehören zu den taxonomisch besonders schwer fassbaren Tierstämmen. Die einfachen Organismen mit wenig ausdifferenzierten Zellen haben keine Organe oder Neuronen. Sie leben mit fast 5000 bekannten Arten größtenteils im Meer, manche im Süßwasser, und filtern an Fels oder festem Untergrund haftend, organische Partikel und Mikroorganismen als Nahrung. Die simplen Ascon-Schwämme sind wie ein oben offener Beutel geformt, das Wasser dringt durch Millionen Poren (*Porifera* heißt Träger von Poren) in den Innenraum (*Spongocoel*) und durch die Beutelöffnung (*Oscula*) wieder hinaus. Bei den komplexeren Sycon- und Leucon-Schwämmen gibt es Leitungen und Kammern im Innenraum und außen Atemkanäle. Die Beutelaußenzellen heißen Pinacocyten, die Innenwandzellen Choanocyten. Pinacocyten sind vieleckig und ähneln in ihrer Anordnung Mini-Bruchsteinmauern, Choanocyten besitzen eine Geißel, die im Innenraum Nährstoffe einfängt. Der Sauerstoff dringt direkt in die Zellen ein. Zwischen Pinacocyten und Choanocyten befindet sich eine gallertartige Matrix (Mesohyl) aus Zellen mit verschiedenen Aufgaben. Das Mesohyl fungiert als Skelett und wird von Stützelementen (Spicula) oder durch Gerüstfasern aus dem Strukturprotein Spongin gefestigt.

Je nach Material der Spicula unterscheidet man vier Klassen: Kalkschwämme, Hornkieselschwämme, Glasschwämme und *Homoscleromorpha*. Die Schwämme ähneln eher Kolonien von Einzellern, die sich zu einem Superorganismus zusammengefunden haben, als mehrzelligen Tieren mit differenziertem Gewebe, Organen und Neuronen. Unter bestimmten Umständen können sich in einzelne Zellen zerfallene Schwämme wieder zu einem neuen Organismus zusammenfinden.

Aber auch Schwämme müssen sich vermehren und dafür sorgen, dass sich die Nachkommen, für weniger Konkurrenzdruck und mehr genetische Vielfalt, von den Eltern entfernen. Keine leichte Aufgabe für Organismen, die ihr ganzes Leben auf demselben Fels verbringen. Es ist daher kein Zufall, dass 80 Prozent der Meerestiere und fast alle, die am Untergrund verankert leben, als Larve zur Welt kommen. Schwämme sind Zwitter, also gleichzeitig männlich und weiblich, können sich aber nicht selbst befruchten. Im richtigen Moment verwandeln sich die Choanocyten eines Kalkschwamms wie *Leucandra abratsbo* daher in Spermien oder Eier. Die Spermien schwimmen durch die Beutelöffnung hinaus und treiben mit der Strömung fort. Mit etwas Glück dringen sie über die Poren in eine andere *Leucandra*, werden von den Geißeln der Choanocyten mit der Nahrung eingefangen und befruchten die wartenden Eier. Vernünftigerweise vertrauen Schwämme dabei auf ein System aus hoher Zahl und perfekter Synchronisierung. Die befruchteten Eier werden zu einer Zygote, der Stomoblastula, stülpen sich dann wie ein Strumpf um und schwimmen als Amphiblastula durch die Beutelöffnung nach draußen. Die ungefähr ein Zehntelmillimeter „große" Amphiblastula-Kugel bewegt sich dank Wimpernkranz und Strömung durch die Weiten des Ozeans und wird dabei Teil der vielgestaltigen, dicht bevölkerten, mikroskopischen Plankton-Welt, die Grundlage der marinen Nahrungskette. Eine höchst beliebte Strategie unter sesshaften und bewegungsarmen Arten. Planktonische Larven lassen sich, grob gesagt, in morphologisch und ökologisch zwei unterschiedliche Kategorien einteilen: Planktotrophische Larven stammen aus kleinen Eiern und brauchen viel Zeit bis zur Metamorphose, lecitotrophische Larven sind größer und treten schon bald in ihr nächstes Stadium ein. Erstere ernähren sich von anderen Organismen, Letztere von Reserven in ihrem Dottersack. Organismen mit planktotrophischen Larven bringen unglaublich viele Eier hervor, bei denen mit lecitotrophischen Larven sind es wesentlich weniger, weil jedes Ei durch den Dottersack ein Energiebündel ist.

Über Schwämme wissen wir vieles, weit weniger über ihre Larven. Es gibt mindestens acht Typen (vgl. Abb. 1). Manche sind nicht einmal ein zwanzigstel Millimeter, andere über fünf Millimeter groß: ökomorphologische Variationen über ein Thema. Von vielen Schwämmen kennen wir allerdings keine Larven, weil wir sie entweder noch nicht entdeckt haben oder sie gar nicht existieren. Die zweifellos unglaublichste und schönste Larve ist die wimpernlose Hoplitomella. Eine Kugel von einem Viertel Millimeter Durchmesser und mit langen Auswüchsen, die sie wie einen im Plankton treibenden winzigen Seeigel aussehen lassen. Die Auswüchse sind nichts anderes als das Spicula-Skelett, aber nicht das des späteren adulten Tiers. Da der Mini-Seeigel anfangs zwischen Radiolarien lebt (einer Protozoen-Gruppe mit Skelett), entdeckte man erst spät, dass es sich um eine Schwamm-Larve handelt. Ein Lebewesen, das von einem Schwamm in jeder Hinsicht meilenweit entfernt scheint, ist also doch einer.

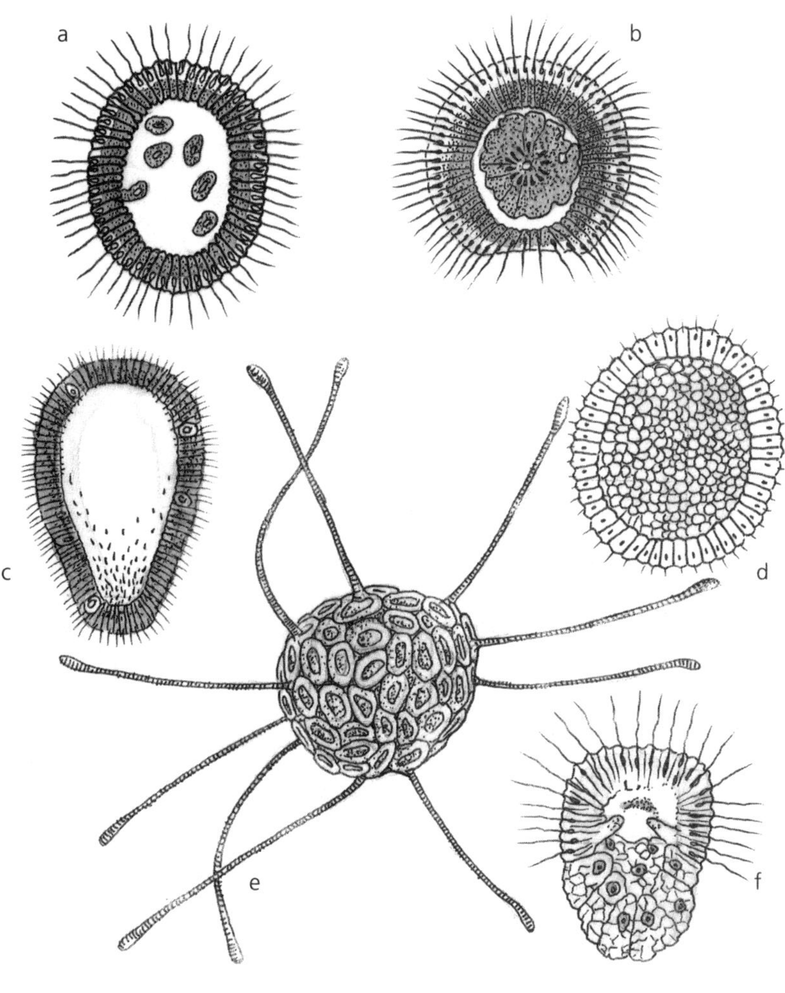

Abb. 1: Schwämme. Larventypen: a. Calciblastula, b. Disphaerula, c. Cinctoblastula, d. Parenchymella, e. Hoplitomella, f. Amphiblastula (nicht maßstabsgetreu).

Seit jeher stellt sich der Mensch die Frage, was zuerst da war, die Henne oder das Ei. Dasselbe kann man sich bei Schwämmen und ihren Larven fragen: Haben die sesshaften Organismen am Meeresgrund die Larven als Anpassungsform hervorgebracht, um sich besser verbreiten und ihre Gene erneuern zu können? Oder war die Planktonlarve zuerst da und hat sich später zum Meeresgrund begeben, ohne die planktonische Phase aufgeben zu können? In der Wissenschaft wird das noch diskutiert, und wer weiß, ob die noch im Larvenstadium befindliche Diskussion jemals die Metamorphose ins Stadium der Gewissheit schafft.

Polyp oder Qualle?

Im Meer schwimmt eine scheinbar zerbrechliche, durchsichtige kleine Qualle. Sie gehört zu den Schirmquallen (*Scyphozoa)*, einer der bekanntesten Nesseltierklassen. Um diese Zeit treffen sich Männchen und Weibchen zur Paarung, die zarte Qualle findet sich mit anderen zu immer größeren Schwärmen zusammen. Die Männchen geben Millionen von Spermien ins Wasser ab und befruchten die von den Weibchen gleichzeitig abgelegten Eier. Aus der Vereinigung geht jedoch keine Qualle hervor, sondern eine Planula. Die platte, blattähnliche Larve mit beweglichen Wimpern wagt sich mit Milliarden anderen ins offene Meer und bildet mit Meerestierchen, Algen und Mikroorganismen das Plankton. Die Planula ist allerdings nur von kurzer Dauer, nach einigen Tagen verwandelt sie sich in einen Polypen oder besser, in unsere Vorstellung von einem Polypen: in ein kleines Tier mit dünnen Tentakeln, das sich mit einem langen Fortsatz dauerhaft am Boden verankert.

Unser kleiner Polyp ist aus Quallen hervorgegangen, war eine vagabundierende Planula und ist nun fest mit dem Fels verbunden. Wird er wie Korallenpolypen mit anderen ein gemeinsames Skelett entwickeln? Wird er den Grundstein für ein neues Korallenriff legen, das sogar vom Mond aus zu sehen sein wird? Nein, wird er nicht. Der kleine Polyp durchläuft vielmehr eine Strobilation, wie die Zoologen sagen. Er teilt sich mehrfach quer und stapelt seine Klone aufeinander, bis sie sich wieder trennen. Sie sehen jetzt wie zusammenziehbare Sterne aus, mit kurzen, lappenartigen Ärmchen, die aus den ehemaligen Tentakeln des Polypen hervorgegangen sind. Sie heißen jetzt Ephyralarven, drehen sich um und sehen dann allmählich aus wie kleine Quallen auf Kinderzeichnungen. Sie verlassen den Meeresgrund, kehren ins Plankton zurück und treiben mit der Strömung. Die Ärmchen werden länger, wieder zu Tentakeln, und sind nun nicht mehr nach oben gerichtet, sondern schwenken, um Mikroorganismen einzufangen, unterhalb hin und her. Die Ephyra wächst zu einer Qualle heran – manche mit bis zu einem Meter Durchmesser. Wenn ein Meerestier unglücklicherweise mit ihren Tentakeln in Berührung kommt, wird es gelähmt und verschlungen. In den Tentakeln wimmelt es von Nesselzellen, die beim geringsten Kontakt mikroskopische Giftpfeile abschießen, mit den gefährlichsten Giften, die die Natur kennt. Im darauffolgenden Jahr treffen sich die adulten Tiere und aus ihrer Vereinigung entstehen wieder flache Planula, die zu Polypen und dann zu Ephyralarven werden, sich umstülpen und wieder Quallen sind. Ein endloser Kreislauf. Schwer zu sagen, wer hier zu wem wird.

Und noch eine Schlussbemerkung. Eine der bekanntesten Quallen im Mittelmeer, die Leuchtqualle *Pelagia noctiluca*, durchläuft kein Polypenstadium. Ihre Planula teilt sich direkt in kleine fressende, wachsende Quallen. In der Natur gibt es keine Regeln ohne Ausnahme.

Die unsterbliche Qualle

In der Zoologie verläuft die Metamorphose stets in eine Richtung. Die Raupe wird zur Puppe, dann zum Schmetterling, die Weidenblattlarve zum Aal, die Kaulquappe zum Frosch. Und wer ohne Metamorphose auskommt und einfach nur wächst, tut das ebenfalls in eine Richtung: Das Kind wird erwachsen, das nackte Vogeljunge früher oder später wegfliegen, der Embryo im Ei des Schnabeltiers entwickelt sich zum Jungen, schlüpft und ernährt sich von Muttermilch. Das ist das Gesetz der Natur. Aber es gibt eine Ausnahme. Oder vielleicht sogar mehr Ausnahmen, als wir denken. Ein winziges Meerestier jedenfalls, *Turritopsis dohrnii*, kann vom adulten Tier wieder zur Larve werden, von Alt zu Jung. *Turritopsis* ist eine Qualle aus der Klasse der *Hydrozoen*. Aus dem Ei entsteht eine *Planula*-Larve, sie sinkt zum Meeresgrund und wird zum Polypen, der sich zu einer Kolonie vermehrt. Die Polypen einer Kolonie nehmen unterschiedliche Funktionen wahr: Verdauungspolypen fangen und verdauen die Beute, Wehrpolypen verteidigen die Kolonie, Gonozoide bringen per Knospung winzige Quallen beiderlei Geschlechts hervor, die sich loslösen, von Plankton ernähren und wachsen, bis sie selbst Eier und Spermien produzieren.

Nach der Fortpflanzung endet der Lebenszyklus, die Quallen sterben. So wie viele Insekten, Aale, Lachse oder alle einjährigen Pflanzen. Das klingt unlogisch, aber der Tod ist

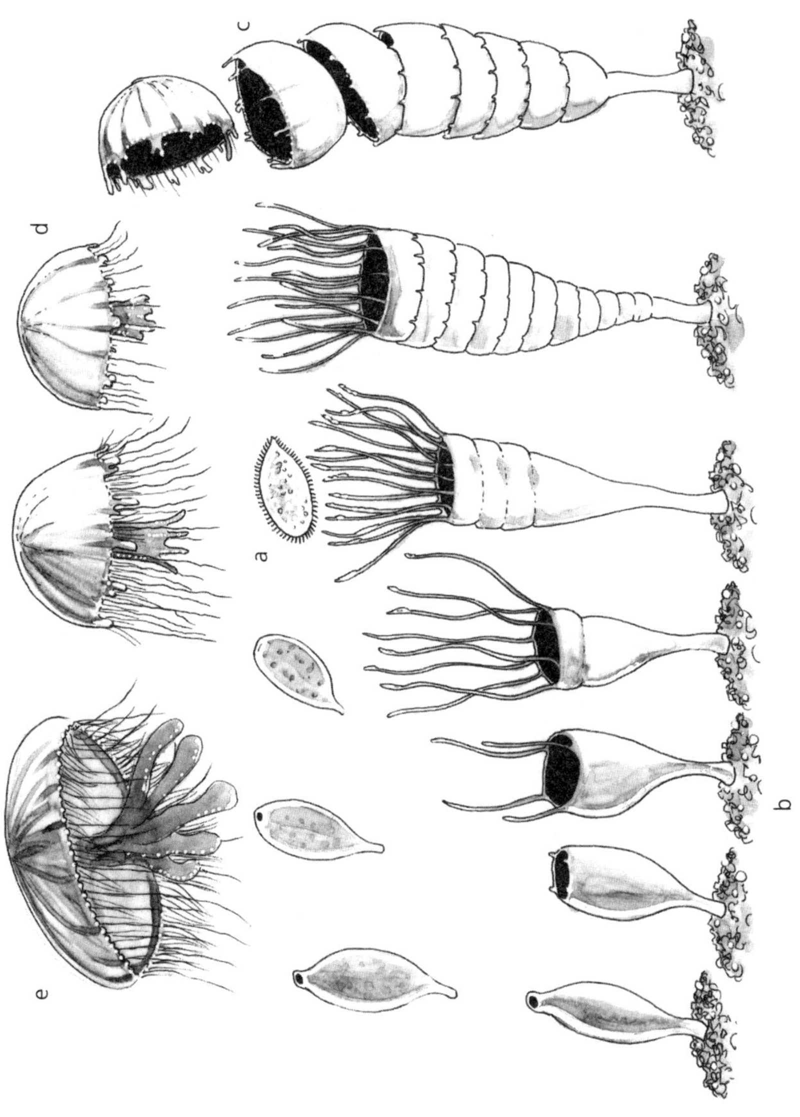

Abb. 2: Schirmquallen (*Scyphozoa*). Lebenszylus: a. Planula, b. Polyp (Strobilation), c. Ephyra, d. junge Qualle, e. adulte Qualle (nicht maßstabsgetreu).

Teil der Überlebensstrategie der Art: Durch ihren Tod konkurrieren die adulten Tiere nicht mit der neuen Generation und ermöglichen ihren Nachkommen, die die Gene weitertragen, bessere Wachstums- und somit Lebens- und Fortpflanzungsbedingungen. Sie sorgen also dafür, dass sich ihre Gene endlos vermehren, sie quasi unsterblich sind. Der Lebensraum vieler Tiere könnte mehrere Generationen nicht gleichzeitig ernähren. Das Leben ist ein Staffellauf, der Einzelne nur eine Teilstrecke, mit den Genen als Zeugen, jeder Lauf eine Generation. Die Teilstrecke endet, wenn der nächste den Stab übernimmt, aber der Zeuge bleibt. Der Staffellauf dauert schon vier Milliarden Jahre und wird vielleicht noch einmal genauso lange dauern. Doch manche schaffen es, selbst unsterblich zu werden. So als würde der Schmetterling wieder zur Raupe, der Frosch zur Kaulquappe, als verlöre die Fliege ihre Flügel und Beine und würde wieder zur weißen Made. Doch kein Vogel kehrt ins Ei zurück, kein Alter wird zum Kind. Das Leben folgt dem Lauf der Zeit, und die Zeit kennt nur eine Richtung.

Anders die Qualle *Turritopsis*. Nach der Fortpflanzung, der Weitergabe der Gene, kehrt sich ihr Lebenszyklus um. Die Qualle wird wieder zum Polypen, der sie früher schon war. Sie kann die Zeit zurückdrehen: von der Qualle zum Polypen, zur Kolonie und, wenn die Zeit reif ist, wieder zur Qualle. Aber nicht zur Qualle einer neuen Generation, vielmehr zu sich selbst, zur eigenen Tochter, Schwester ihrer eigenen Töchter. Es gibt keine Generationenabfolge, sondern ein Hin und Her zwischen Alt und Jung, Zukunft und Vergangenheit, Ende und Anfang der Reise. *Turritopsis* hat einen Weg gefunden, unsterblich zu werden, ganz ohne Pakt mit dem Teufel: durch die ewige Metamorphose zwischen Qualle und Polyp, die ewige Verwandlung vom einen zum anderen und wieder zurück.

Von Moostierchen und Hufeisenwürmern

Fast alle Moostierchen (*Bryozoa* oder laut neuerer Klassifizierung *Ectoprocta*), mit fast 4000 bekannten Arten, sind sesshafte Meerestiere. Sie leben in Kolonien, ähnlich wie Korallen oder manchmal Schwämme. Aber anders als bei Korallen sind bei den Moostierchen nicht alle Individuen gleich: Manche sorgen für die Verteidigung der Kolonie (Avicularien), andere fürs Putzen (Vibrakularien). Die Moostierchen sind weder mit Korallen noch Schwämmen verwandt. Was sie verbindet, ist ihre Lebensweise: Sie filtrieren ihre Nahrung, planktonische Mikroorganismen und organische Substanzen, aus dem Meerwasser. Aber anders als Schwämme, die passive Filtrierer sind, ihre Nährstoffe also einfach abfangen, jagen die Moostierchen ihre Nahrung quasi. Sie bewegen dazu ihren Lophophor, einen Tentakelkranz, in dessen Mitte sich der Mund befindet.

Moostierchenkolonien bestehen aus unzähligen, wenige Zehntelmillimeter großen sogenannten Zooiden. Jeder Zooid ist von einer korbflaschenförmigen, schützenden Schale umgeben, dem Zooecium, aus dem lediglich der obere Teil des Zooids, der Polypid, herausragt. Der verborgene Teil heißt Cystid. Auf dem Polypid sitzt der Tentakelkranz, mit dessen Hilfe der Zooid seine Nahrung fängt, atmet und die Umgebung wahrnimmt. Im Cystid liegen die inneren Organe. Der Darm bildet ein U: Der After liegt normalerweise am Polypid-Rand, unter dem Tentakelkranz. Moostierchen halten ihren

Tentakelkranz, wie Korallenpolypen ihre Tentakel, in die Strömung. Merkwürdigerweise gleicht er dem Tentakelkranz von Armfüßern und Hufeisenwürmern, Meerestieren, die den Moostieren ansonsten keineswegs ähneln: Armfüßer sehen aus wie Klappmuscheln, Hufeisenwürmer, wie der Name schon sagt, wie Würmer.

Wie für alle sesshaften Meerestiere sind Vermehrung und Verbreitung für die Moostierchen ein Problem. Wie soll ein winziger Zooide, der in seinem Zooecium hockt und mit seiner Kolonie am Felsen klebt, seine Nachkommen hinaus in die Welt schicken? Die Lösung heißt auch hier Larve. Moostierchen können sich ungeschlechtlich und geschlechtlich vermehren. Im ersten Fall bringt der Koloniegründer durch Knospung, wie eine Pflanze, weitere Individuen hervor. Die Zooiden sind dann genetisch identische Klone. Wenn es allerdings Zeit ist, die Gene zu erneuern, wechseln Moostierchen zur geschlechtlichen Vermehrung. Sie sind dann „konsekutive Zwitter", das heißt, erst weiblich, dann männlich oder umgekehrt. Das verhindert die Selbstbefruchtung. Wenn die Spermien vom Tentakelkranz aktuell weiblicher Tiere aufgefangen werden, kommen sie im Cystid in Kontakt mit reifen Eiern. Es entstehen Embryonen, die sich bei vielen Arten von einer Art Plazenta ernähren, schließlich zur Larve werden und losschwimmen.

Die Larven vieler Moostierchen sehen aus wie ein mikroskopisches Glöckchen, auf dem ein Haarbüschel sitzt und werden Cyphonauten genannt. Das Glöckchen besteht aus einer chitinhaltigen zweiklappigen Schale, in der sich die eigentliche Larve befindet, kaum mehr als ein u-förmiger Verdauungsapparat. Durch eine große, bewimperte Mundöffnung tritt Nahrung (Bakterien und organische Stoffe) ein, steigt über den Schlund zum Magen hoch, wird verdaut und über Rektum und Afteröffnung wieder ausgeschieden. Die bewegungsunfähigen Cyphonauten treiben eine Weile mit der Strömung im Plankton und sinken schließlich zum Meeresgrund, Büschel voran. Das Büschel haftet am Grund, mit dem oben offenen Glöckchen, der Darm hat bereits die richtige Ausrichtung, Mund und After zeigen aufwärts. Der Cyphonaut entwickelt sich zum Zooid: Der Tentakelkranz erscheint, das Zooecium bildet sich, und durch Metamorphose entsteht aus dem Cyphonauten die *Ancestrula,* der Koloniegründer. Durch Knospung produziert er neue Zooiden, die Kolonie wächst und wird, je nach Art, zu einer korallen-, schwamm- oder moosartigen Kolonie. Mit der Differenzierung in Avicularien und Vibrakularien nimmt die Kolonie ihre endgültige Form an. Bis schließlich die neue geschlechtliche Phase beginnt, mit neuen Embryonen und neuen treibenden Cyphonauten.

Die engsten Verwandten der Moostierchen, Armfüßer und Hufeisenwürmer, haben ähnliche Larven, obwohl die adulten Tiere anders aussehen: wie eine zweischalige Muschel im ersten Fall, ein Wurm mit Chitinhülle im zweiten Fall. Das wirft Fragen auf: Wenn sich Tentakelkranz und Larven ähneln, haben die drei Familien zweifellos einen gemeinsamen Vorfahren. Aber wie konnten sich trotz ähnlicher Larven dann verschiedene adulte Tiere entwickeln? Offensichtlich haben die evolutionären Kräfte auf die adulten Tiere, aber nicht auf die Larven gewirkt, oder zumindest in geringerem Maße. Warum? Vermutlich, weil die Larven perfekt an eine typische Fortpflanzungsart sesshafter oder benthischer Meerestiere angepasst waren. Anders gesagt, während sich der gemeinsame Vorfahr ausdifferenzierte, um sich an neue Umweltbedingungen

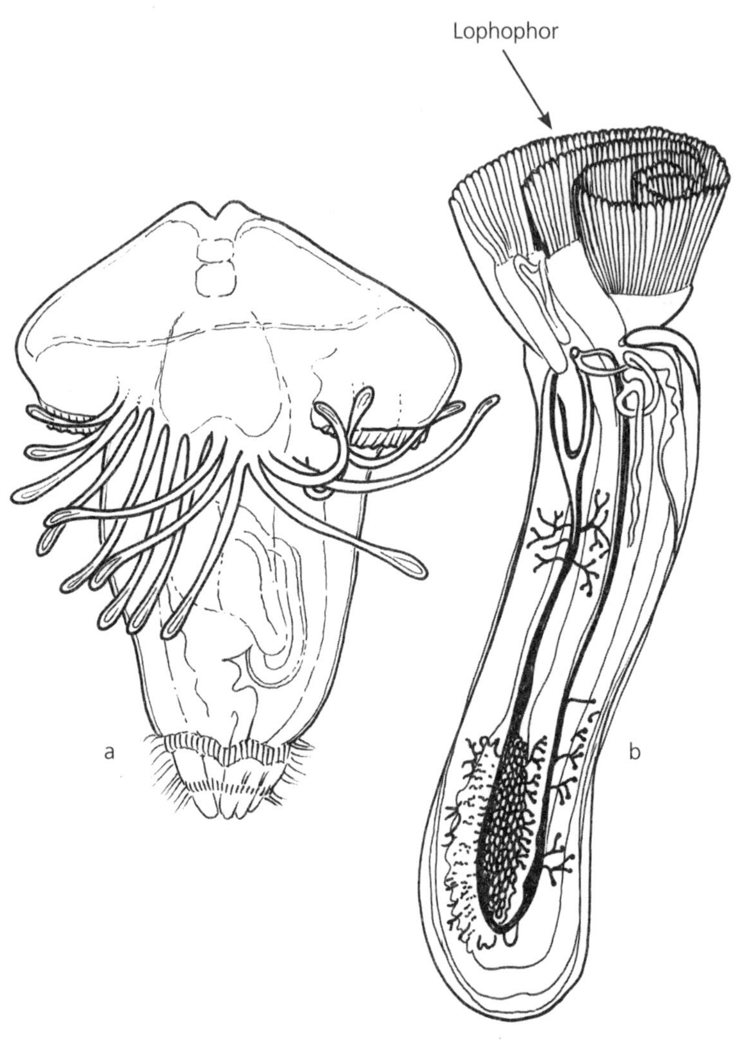

Abb. 3: Hufeisenwürmer: a. Actinotrocha-Larve, b. adultes Tier (nicht maßstabsgetreu).

anzupassen, blieben die Larven fast unverändert, weil sie ihre Aufgabe perfekt erledigten. Doch aus den Larven entwickelten sich nun unterschiedliche adulte Tiere, Tiere, die Korallen, Klappmuscheln oder Würmern ähnelten. Dieser Typ Larven, den man auch Trochophora nennt, findet sich auch in anderen Meerestiergruppen: bei Kelchwürmern, Weichtieren, Schnurwürmern, Plattwürmern oder Spritzwürmern. Da die Ähnlichkeit der Larven einen gemeinsamen Vorfahren nahelegt, der noch älter sein muss als Moostierchen, Hufeisenwürmer und Armfüßer, ist anzunehmen, dass die Trochophoren über Jahrmillionen unverändert blieben, während sich die adulten Tiere auf vielfache Weise anpassten. Schließlich standen alle vor demselben Problem: wie sich als kleine sesshafte Meerestiere fortpflanzen und seine Gene mischen? Wechsle nie die Siegerlarve.

Krebstiere mit weicher Schale

Wenn wir von Krabben oder Garnelen sprechen, haben wir Krebstiere im Sinn. Krebstiere oder Crustaceen bilden einen Unterstamm der Gliederfüßer, zu denen allerdings auch Tiere gehören, die mit Languste und Hummer wenig gemein zu haben scheinen. Schon die simple Aufzählung der Hauptkrebstierklassen gibt eine Vorstellung von ihrer Vielfalt: Blattfußkrebse, Kiemenfüßer, Ruderfußkrebse, Muschelkrebse, Rankenfüßer, Flohkrebse, Asseln und Höhere Krebse. Die Krebstiere, die wir im Alltag vor Augen haben, gehören alle zur Klasse der Höheren Krebse. Obwohl die anderen Klassen mindestens genauso interessant sind, würden sie leider die Seiten dieses Buches sprengen und meine Leserschaft vergraulen.

Also zu den Höheren Krebsen oder *Malacostraca*. Schon die Etymologie ist höchst bizarr. Griechisch *Malacóstracos* bedeutet „weiche Schale“, obwohl die Tiere, wie jeder weiß, von einem extrem robusten Exoskelett geschützt sind. Versuchen Sie mal, eine Hummerschere durchzubrechen. Doch wenn sich die Tiere häuten, das alte, zu klein gewordene Exoskelett einem größeren weichen muss, ist die Schale tatsächlich weich. In Venedig weiß man das gut: Die *Moeche*, Krebse ohne Rückenschild, werden zur Zeit der Häutung gefangen.

Alle bekannten 20.000 Höheren Krebsarten besitzen, trotz ihrer großen Vielfalt, einen segmentierten Körper mit fünf Kopf-, acht Brust- und sechs oder sieben Hinterleibssegmenten. Am Kopf befinden sich zwei Fühlerpaare (Antenna und Antennula) und häufig bewegliche, gestielte Facettenaugen. Der Kopf ist teils mit der Brust verbunden, und ein robustes Rückenschild schützt das Ganze. Jedes Segment hat an der Körperunterseite einen paarigen Fortsatz: am Kopf Mundwerkzeuge, an der Brust Beine (Pereiopoden), am Hinterleib flossenähnliche Pleopoden. Das ist im Großen und Ganzen der Aufbau von Garnele oder Languste.

Die Höheren Krebse im Meer, neben denen es auch Arten in Flüssen und an Land gibt, stehen ebenfalls vor dem Problem, wie sie die eigenen Gene verbreiten und mischen sollen, ohne sich selbst in Gefahr zu bringen. Die behäbigen, schweren, schlechten Schwimmer, leichte Beute für Fische und Kraken, können sich keine Abenteuer leisten. Am liebsten bleiben sie in Nähe von Spalten, in die sie sich bei Gefahr zurückziehen. Oder verstecken sich wie der Einsiedlerkrebs in einer schützenden Schale und weiden in aller Ruhe Felsen ab. Nach der Paarung verbergen die Weibchen vieler Höheren Krebse ihre befruchteten Eier zwischen den Pleopoden am Hinterleib.

Aus den Eiern schlüpfen dann allerdings keine Miniatur-Krebse, sondern birnenförmige Larven. Diese sogenannten Nauplius-Larven sind eher einfach gebaut. An den zwei Segmenten Kopf und Telson sitzen insgesamt drei paarige Fortsätze, mit denen sie sich fortbewegen können und die später beim adulten Tier zu Fühlern und Mundwerkzeugen werden. Brust und Hinterleib fehlen. Am Kopf befindet sich ein mittiges Auge. Nauplius-Larven gehören zu den Myriaden von Larven und adulten Tieren, die das Zooplankton bilden. Sie fressen Mikroorganismen, die noch winziger sind als sie selbst, wachsen und häuten sich, üblicherweise sechs Mal. Mit jeder Häutung kommen weitere Segmente hinzu, Körper und Fortsätze werden größer. Bis ein Metanauplius entstanden ist, der sich schließlich in eine Zoea-Larve verwandelt, je nach Art ein Siebtel Millimeter bis eineinhalb Zentimeter lang. Mit ihrem großen Kopfbruststück und dem dünnen, schwanzartigen Hinterleib sieht sie aus wie die Karikatur einer Garnele. Am Rückenschild, der das Kopfbruststück schützt, sitzen Stacheln, es gibt erstes und zweites Fühlerpaar, Kiefer und Mundwerkzeuge. Zwei Augen erscheinen, sie sind zunächst unbeweglich, werden aber mit jeder Häutung mehr zu beweglichen Stielaugen. Die bereits entwickelten Brustfortsätze dienen zum Schwimmen, die Hinterleibsfortsätze sind nur angedeutet. Nach zwei bis zehn Häutungen wird die Zoea zur Metazoea, die sich schließlich per Metamorphose in eine Postlarve verwandelt. Die dem adulten Tier bereits sehr ähnliche Postlarve sinkt auf den Grund, wächst und wird zum Krebs.

Auf den ersten Blick also alles ganz einfach: Über drei Larvenstadien, Häutungen und Metamorphose entsteht nach und nach das adulte Tier. Aber in der Natur ist nichts einfach, vor

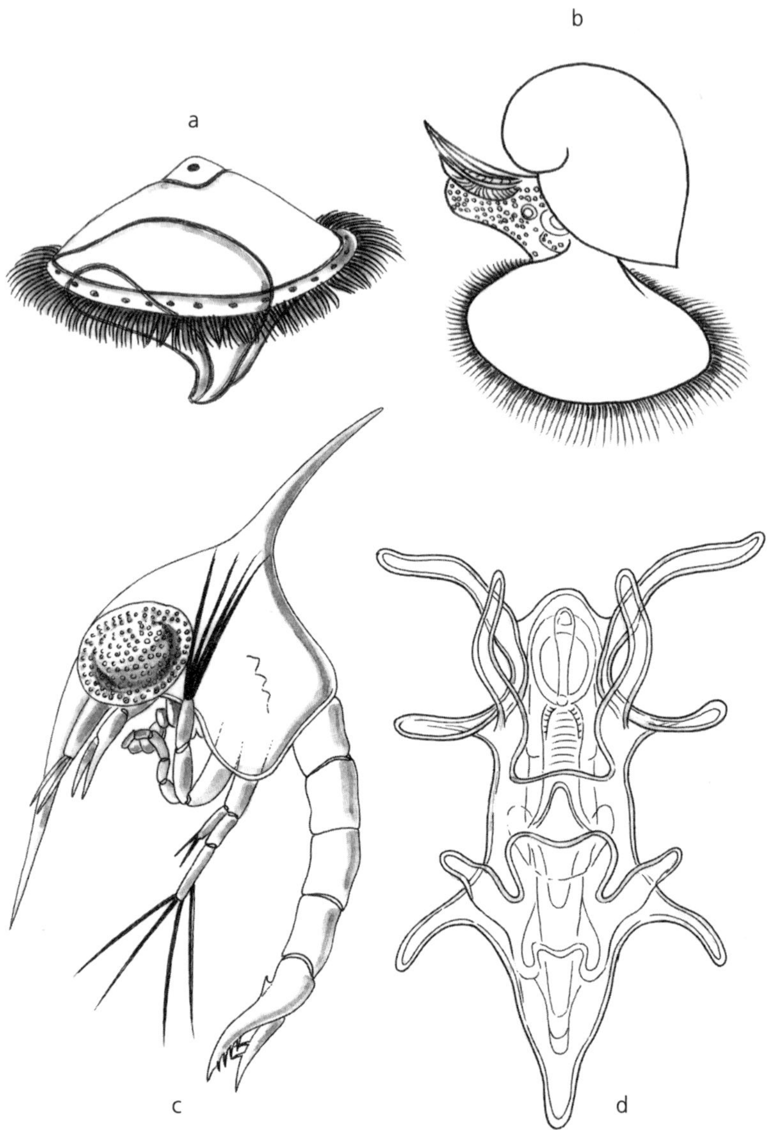

Abb. 4: Einige planktonische Larventypen: Trochophora der Ringelwürmer und Muscheln, b. Veligerlarve der Schnecken, c. Zoea der Krebstiere, d. Bipinnaria der Seesterne (Gattung *Asterias*) (nicht maßstabsgetreu).

allem nicht bei 20.000 Arten mit unterschiedlichsten Anpassungen, Formen, Größen und Lebensräumen. Und gerade bei den Larvenformen herrscht ein Riesendurcheinander: Eigentlich nennt man nur die Larven der Echten Krabben (*Brachyura*) und die der Felsen- und Partnergarnelen (*Palaemonidae*) Zoea, die anderer Krebsgruppen heißen Phyllosoma, Protozoea und Mysis…

Die Wanderung der Langusten

Die Larve von Bärenkrebsen und Langusten nennt man Phyllosoma, was „von blattförmiger Gestalt" bedeutet. Sie ist drei bis 21 Millimeter lang, flach, durchsichtig, hat Fühler, sehr lange Beine und große gestielte Augen. Ein wenig sieht sie aus wie eine Spinne. Mit dem großen ovalen Rückenschild und ihrem langen, dünnen Hinterleib ist sie ein lebendes Segel, das von den Meeresströmungen fortgetragen wird und so Orte erreicht, die den schweren, schwimmunfähigen adulten Krebstieren verwehrt bleiben. Ein perfektes planktonisches Lebewesen also. Die Larve durchläuft auf ihrer Reise ungefähr zehn Stadien, wächst und wächst. Nach einigen Monaten ist sie bereit zur letzten Verwandlung, sinkt auf den Grund und wird vom planktonischen Lebewesen zum benthischen, uns allen bekannten großen, scherenlosen Krustentier.

Die Krebstiere mit dieser Larve haben zur Systemoptimierung, wie man heute sagen würde, interessante Verhaltensweisen entwickelt. Die Weibchen vieler Arten wandern viele Hundert Kilometer weit. Warum, ist umstritten, jedenfalls begeben sie sich im Winter, die Eier unter dem Hinterleib, in tiefere Gewässer. Da es dort dann wärmer ist, fördern sie so

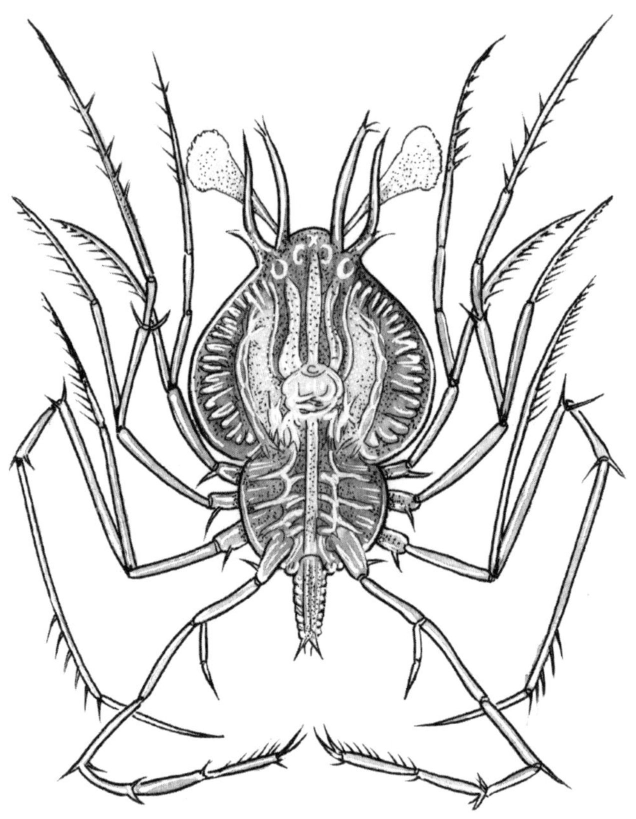

Abb. 5: Phyllosoma-Larve einer Languste.

die Entwicklung der Eier. Wenn das Frühjahr naht, kehren sie an die Küsten zurück, geben die entwickelten Eier frei und die Larven schlüpfen. Bei einer Art, die in der Strömung vor dem südafrikanischen Kap Agulhas lebt, bringen die Weibchen weniger, aber dafür größere Eier hervor. Die Larven sind ebenfalls größer und entwickeln sich zudem schneller als die anderer Arten. Auf diese Weise wird verhindert, dass die Larven in der Strömung zu weit abgetrieben werden, und sichergestellt, dass die Population vor der Küste bleibt.

Baupläne und Symmetrie

Ob Qualle, Regenwurm, Schnecke, Frosch oder Mensch, alle Tiere entwickeln sich ab der Befruchtung nach einem festgelegten genetischen Bauplan. Jede Tiergruppe hat dabei einen eigenen Projektplan, der für alle Arten gilt. Und eben anhand dieses Bauplans teilen wir die Tiere in Stämme (Phyla) ein. Ringelwürmer besitzen einen ringförmigen Körper, Chordatiere eine Chorda dorsalis, Weichtiere einen muskulösen Fuß und Mantel, Gliederfüßer ein chitinhaltiges Exoskelett und bewegliche Segmente und so weiter. Wenn eine Art oder Familie in dem Stamm (Phylum) als Folge der evolutionären Anpassung charakteristische Merkmale verliert, sind diese beim Embryo oder in Larvenstadien jedoch noch immer sichtbar.

Eins der wichtigsten Merkmale genetischer Baupläne ist ihre Symmetrie, das heißt, die mögliche Zerlegung in mehr oder minder identische Körperanteile. So haben wir Chordatiere eindeutig zwei symmetrische Körperhälften. Man spricht von zweiseitiger Symmetrie, wenn man den Körper gedanklich längs zerlegen kann und, abgesehen von einigen inneren

Organen, zwei identische spiegelverkehrte Teile erhält. Genau das macht der Fischverkäufer, wenn er einen Seebarsch filetiert. Aber auch bei Blutegeln, Käfern, Fröschen oder Schildkröten erhält man zwei gleiche Teile, wenn man sie entsprechend dem Symmetriebauplan gedanklich längs zerlegt.

Bei vielen Tieren ist die Symmetrie jedoch durch mehr als einen Bauplan definiert. Seeigel oder Seesterne können wie alle Stachelhäuter gedanklich in zwei, aber auch fünf gleiche Teile zerlegt werden. Entlang der Längsachse sind sie in zwei, aber entsprechend der Zahl der Seesternarme in fünf Teile zerlegbar. (Auch hier gibt es Ausnahmen von der Regel, nämlich Seesterne mit sieben und mehr Armen.) Genauso wie Räder oder Orangen entsprechend der Zahl ihrer Speichen oder Spalten teilbar sind: Man nennt das Strahlensymmetrie. Auch Quallen und Polypen sind strahlensymmetrisch. Allerdings haben Quallen vier Keimdrüsen, man spricht daher bei ihnen besser von doppelter zweiseitiger Symmetrie. Hinter den verschiedenen Symmetrien verbergen sich völlig andere Baupläne. Wären wir fünfstrahlig symmetrisch, hätten wir fünf (oder eine durch fünf teilbare Anzahl von) Nasen, Augen, Armen, Ohren, Herzen und so weiter. Anscheinend liegen zwischen Tieren mit zweiseitiger und fünfstrahliger Symmetrie also Welten, weil sie sich durch die Evolution so weit voneinander entfernt haben, dass ihre Baupläne kaum noch etwas gemeinsam haben.

Doch die Frage der Symmetrie ist ebenso bedeutsam wie dornig, und wir sollten uns daher ein wenig länger damit beschäftigen. Der Seestern hat meistens fünf Arme, und das Skelett eines Seeigels ist zweifellos in fünf identische Teile zerlegbar. Aber es gibt auch klar zweiseitig symmetrische Seeigel, und die für den Druckausgleich wichtige Siebplatte ist häufig nur einmal vorhanden, also auch zweiseitig symmetrisch. Außerdem entspricht der äußerlichen Symmetrie – wie bei uns Menschen – keine innere Symmetrie der Organe. Kurzum, die fünfstrahlige Symmetrie scheint eher das Ergebnis einer Anpassung an die benthische Lebensweise als ein echter Entwicklungsbauplan. Dennoch ähneln wir Chordatiere hinsichtlich des Grundbauplans offenbar eher einem Regenwurm und haben wenig mit einem Seeigel, der ja auch keinen Kopf hat, gemein. Doch der Schein trügt, wie die Larven der Stachelhäuter zeigen.

Wie bei 80 Prozent der Meerestiere entwickeln sich auch die Larven der Stachelhäuter (Seeigel, Seesterne, Seegurken, Schlangensterne und Seelilien) im Plankton, während die adulten Tiere am Boden leben. Alle 6000 Stachelhäuterarten sind Meeresbewohner und getrenntgeschlechtlich. Männchen und Weibchen geben ihre Spermien beziehungsweise Eier gleichzeitig ins Meer, die Befruchtung findet äußerlich statt. Die Larven, die aus den Eiern schlüpfen, unterscheiden sich je nach Gruppe. Und natürlich hat jede Larvenform ihren eigenen Namen: Auricularia, Doliolaria, Bipinnaria, Brachiolaria und Pluteus. Die Auricularia-Larve gilt als die einfachste Stachelhäuter-Larve. Wurstförmig und mit kurzen Fortsätzen, sieht sie unregelmäßig und buckelig aus. Sie bewegt sich durchs Plankton, frisst noch winzigere Tiere und entwickelt sich schließlich zur fassförmigen Doliolaria-Larve. Diese sinkt auf den Grund und verwandelt sich in eine Seegurke. Auch Seelilien bringen Doliolaria-Larven hervor, stachelige Fässer mit seitlichem Punk-Büschel und vier oder fünf kurzen, umlaufenden, beweglichen Wimpernbändern. Aus ihnen entwickeln sich die wunderschönen, sesshaften Tiere, die in der Strömung lebenslang mit bunten, Vogelfeder-ähnlichen

Armen wedeln. Die Bipinnaria-Larve, je nach Art mehr oder weniger länglich, mit acht Armen an Rücken, Bauch und Seiten und stachelhäutertypischen Wimpernbändern, ist hingegen das erste Larvenstadium der meisten Seesterne. Sie wird zur Brachiolaria-Larve, bei einer Seestern-Ordnung aber auch sofort zum adulten Tier.

Pluteus-Larven sind anders. Es gibt sie in zwei Formen: die Ophiopluteus-Larve der See- und Schlangensterne und die Echinopluteus-Larve der Seeigel. Die Ophiopluteus-Larve besteht aus einem Kalkskelett mit acht langen, wimperngesäumten Armen. Da die hinteren Arme länger und nach vorn gerichtet sind, sieht sie wie ein V aus. In ihrem höchstens einen Millimeter großen Körper findet sich ein komplexer Verdauungskanal mit Mund, Speiseröhre, Magen, Darm und After. Die Echinopluteus-Larve ist plumper, hat nur fünf oder sechs Arme und erinnert an ein Federmäppchen. Alle genannten Larvenarten sind durchsichtig, bewimpert und planktonisch und einige besitzen zwei, vier, sechs oder acht Fortsätze, die von einem Kalkstab gestützt sein können. Solche Zahlen sollten uns stutzig machen: Wie kann ein fünfstrahliges Tier paarweise Fortsätze haben? Die Antwort ist einfach: Das geht nicht. Die Larven der Strahlenhäuter sind zweiseitig symmetrisch. Erst mit der Metamorphose werden sie zu (scheinbar) fünfstrahligen Lebewesen. Es ist eigentlich unglaublich, dass ein und dieselbe Art derart unterschiedliche Baupläne hat. Larve und adultes Tier unterscheiden sich nicht nur in Erscheinungsbild und Ökologie, sondern auch im Grundbauplan.

Nachdem die Larven eine Weile im Plankton der Ozeane getrieben sind, verwandeln sie sich, nehmen eine neue Form an, sinken auf den Grund, wachsen und führen ihr nunmehr benthisches Leben. Doch nicht alle Larven verwandeln sich auf gleiche Weise. Wenn aus der Brachiolaria-Larve eine Bipinnaria-Larve wird, entwickelt sie einen Saugnapf und drei kurze, klebrige Vorderarme, sinkt zum Grund, saugt sich dort fest und verwandelt sich nun endgültig zum adulten Seestern. Eine ganz besondere Metamorphose: Der Seestern entwickelt sich aus dem hinteren Larventeil, an der dem Saugnapf gegenüberliegenden Seite. Während seine Arme wachsen, bilden sich die der Larve zurück. Auch der Darm verschwindet und wird vollkommen neu gebildet. Ebenso der Mund, der diesmal auf der linken Seite, die zur Seesternunterseite wird, neu entsteht. Rechts erscheint der Anus, der auf der Seesternoberseite liegt. Die Innenhöhlen werden restrukturiert, das Fortbewegungssystem des Seesterns entsteht. Jetzt erst löst sich die Larve vom Grund, das Exoskelett bildet sich, der Seestern nimmt seine endgültige Form an. Aber bis zur Geschlechtsreife dauert es noch Jahre.

Die Pluteus-Larve der Seeigel gibt ihr Bestes: Vier Arme verdoppeln sich auf acht und eine Art Knospe entwickelt sich, ein Abbild des adulten Tiers, ein winziger Seeigel. Zunächst wächst sie im Larveninneren heran, doch wenn sie einen Millimeter groß ist, macht sie sich davon und sinkt zum Meeresboden. Das wirft viele Fragen auf. Wenn der junge Seeigel als Knospe der Larve entsteht, wer ist dann überhaupt das Individuum, die Pluteus-Larve oder der Seeigel? Oder beide? Entsteht der junge Seeigel durch eine Art ungeschlechtlicher Fortpflanzung aus der Larve? Oder ist er eine Zwischengeneration? Wir haben die mehr oder minder drastische und außer bei *Turritopsis dohrnii* unumkehrbare Metamorphose bislang als schrittweise Entwicklung von der Larve zum adulten Tier beschrieben. Aber beim Seeigel leben Larve und adultes Tier eine Weile gemeinsam: Sind das zwei Individuen im selben Körper oder zwei Körper desselben Individuums?

Stachelhäuterlarven sind noch unter einem anderen Aspekt hochinteressant. Sie liefern uns nämlich Hinweise auf die Verwandtschaft der Tierstämme untereinander und damit auch auf unsere Herkunft. Die ersten Chordatiere, so eine Theorie, entstanden aus neotenischen Stachelhäuterlarven. Tatsächlich ähneln primitive Chordatiere Stachelhäuterlarven. Und noch andere wesentliche Merkmale teilen wir mit ihnen: die zweiseitige Symmetrie und die Zugehörigkeit zu den Neumündern (Deuterostomia), bei denen sich der Urmund (*Blastoporus*) im embryonalen Stadium zur Afteröffnung entwickelt und der Mund neu bildet. Zu den Neumündern gehören außer den Chordaten und den Stachelhäutern nur noch die Kiemenlochtiere (Hemichordata), eine Gruppe von Meereswürmern. Alle anderen Stämme sind Urmünder (*Protostomia*), bei denen der Mund aus dem Urmund entsteht.

Nach dieser Theorie stammen wir, kurz gesagt, von Larven ab, die denen von Seesternen und Seeigeln ähneln. Im Lauf der Evolution vermehrten sie sich demnach irgendwann bereits im Larvenstadium und entwickelten nach und nach komplexere Formen. Aus primitiven Chordatieren wurden schließlich Wirbeltiere. Hinzukommt, dass die Neumünder 60.000, die Urmünder aber eineinhalb Millionen bekannte Arten umfassen. Wir sind also die Ausnahme, nicht die Regel. Genauso wie Stachelhäuter und Kiemenlochtiere, die uns damit wesentlich näher wären als jede andere Tiergruppe. Vielleicht sollten wir unsere Annahme, wir seien die Krone der Schöpfung, noch einmal überdenken. Denn der genetische Bauplan ist keine Nebensächlichkeit; er ist die Grundlage für den gesamten Aufbau eines Organismus. Am Anfang

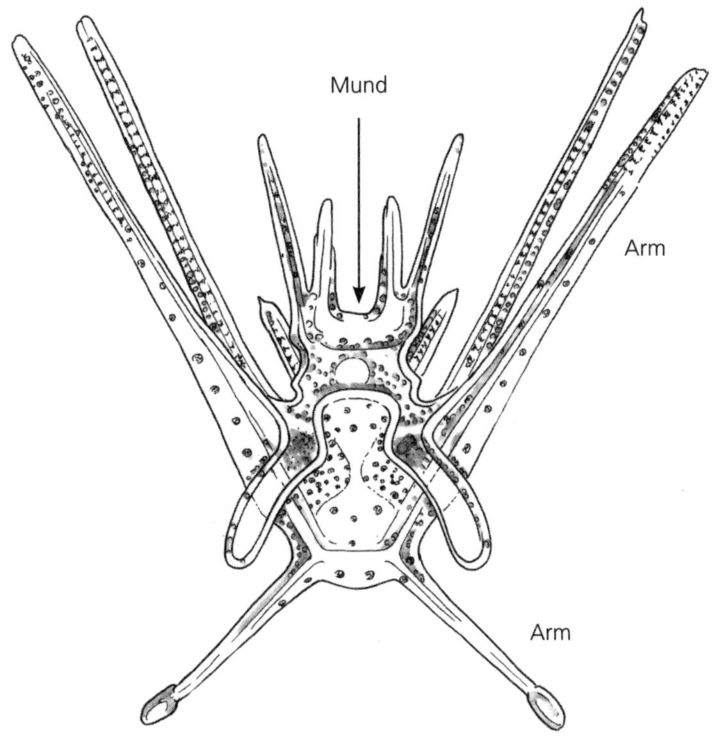

Abb. 6: Pluteus-Larve der Seeigel.

unseres Abstammungsastes stände damit die Neotenie, also ein Organismus, der ohne Metamorphose, ohne sein Erscheinungsbild zu ändern, die Geschlechtsreife erreichte, sich sozusagen direkt als Larve vermehrte. Auf die Neotenie werde ich später noch zurückkommen.

Die unbekannten Meereswürmer

Stachelhäuter wie Seesterne oder Seeigel kennt vermutlich jeder, Kiemenlochtiere wohl weniger. Und das ist wahrscheinlich noch untertrieben. Der Stamm der Kiemenlochtiere wird gewöhnlich in drei Klassen unterteilt. Allerdings ist eine davon nur durch eine bekannte Art vertreten, die wir zudem vor allem im Larvenstadium kennen. Nicht alle der von Natur aus streitbaren Taxonomen erkennen diese Klassifikation daher an. An den beiden anderen Klassen, Eichelwürmern und Flügelkiemern, besteht jedoch kein Zweifel. Die kleinen Flügelkiemer leben sesshaft und in Kolonien, viele Arten bringen einen schützenden Schlauch hervor. Vorn besitzen sie Büschel, mit denen sie Schwebpartikel und kleine Organismen einfangen. Eichelwürmer hingegen ähneln äußerlich Ringelwürmern, ihr Körper teilt sich in Kopflappen (Prosoma), Kragenregion (Mesosoma) und Rumpf (Metasoma). Diese Dreiteilung findet sich im Ansatz auch bei den Flügelkiemern. Interessanterweise besitzen Eichelwürmer zudem eine ansatzweise Chorda dorsalis (daher ihr wissenschaftlicher Name *Hemichordata* – Halbchordata). Nicht geklärt ist allerdings, ob es sich um eine Vorstufe der Chorda dorsalis der Chordatiere oder eine Parallelentwicklung handelt, also um einen Fall konvergenter Evolution.

Wir kennen über 100 Kiemenlochtier-Arten. Sie sind zwischen wenigen Millimeter und einem Meter lang. Alle leben im Sand vergraben und ernähren sich von organischen Schwebteilchen und Mikroorganismen. Ihr Filtriersystem ist einfach: Wasser strömt durch den Mund ein, wird in Kiemenkammern gefiltert und strömt durch Kiemenspalten wieder hinaus. Die filtrierten Partikel landen in einem bewimperten Verdauungsapparat. Auch diese benthischen Würmer müssen ihre Gene verbreiten und mit anderen mischen. Sie sind zweigeschlechtlich, und für die äußerliche Befruchtung werden große Mengen Spermien und Eier ins Wasser abgegeben. Aus den befruchteten Eiern schlüpft eine durchsichtige, drei Millimeter lange Tornaria-Larve, die der Bipinnaria-Larve der Seesterne ähnelt: Sie sieht aus wie eine bewimperte Glocke. Mit den Wimpern ihrer muskulösen Schutzschicht fängt sie Nahrung ein. Dank Augenflecken kann sie hell und dunkel unterscheiden, zudem besitzt sie einen vollständigen Verdauungsapparat. Auch die Larve von *Planctosphaera pelagica*, der einzigen Art der dritten Kiemenlochtier-Klasse, ähnelt der Tornaria-Larve, ist jedoch größer und scheidet Schleim aus, dessen Funktion noch ungeklärt ist. Tornaria-Larven ernähren sich ebenfalls von Plankton.

Die Ähnlichkeit von Tornaria- und Bipinnaria-Larve legt einen gemeinsamen Vorfahren nahe, aus dem sich die heute so unterschiedlichen Kiemenlochtiere und Stachelhäuter unabhängig voneinander entwickelten. Es ist genauso wie bei Hufeisenwürmern, Moostierchen und Armfüßern. Die Larve erfüllte als Plankton-Organismus und Planktonfresser ihre Aufgabe weiterhin hervorragend, aber die adulten Tiere mussten sich an unterschiedliche Ökologien anpassen und entwickelten sich daher so weit auseinander, dass sich heute nur noch die Larven ähneln. Die Larve bleibt, wie sie ist, aber das adulte Tier verändert sich infolge eines Anpassungsprozesses. Bei Organismen, die eine Metamorphose durchmachen, spezialisieren sich Larve und adultes Tier stets unabhängig voneinander. Sie sind genauso wie zwei Arten unterschiedlichen evolutionären und selektiven Kräften ausgesetzt. Ganz anders als bei Stachelhäutern und Kiemenlochtieren sieht es hingegen beim Stamm der Chordatiere aus, zu denen die Seescheiden, aber auch der Autor und Sie als meine Leserinnen und Leser gehören.

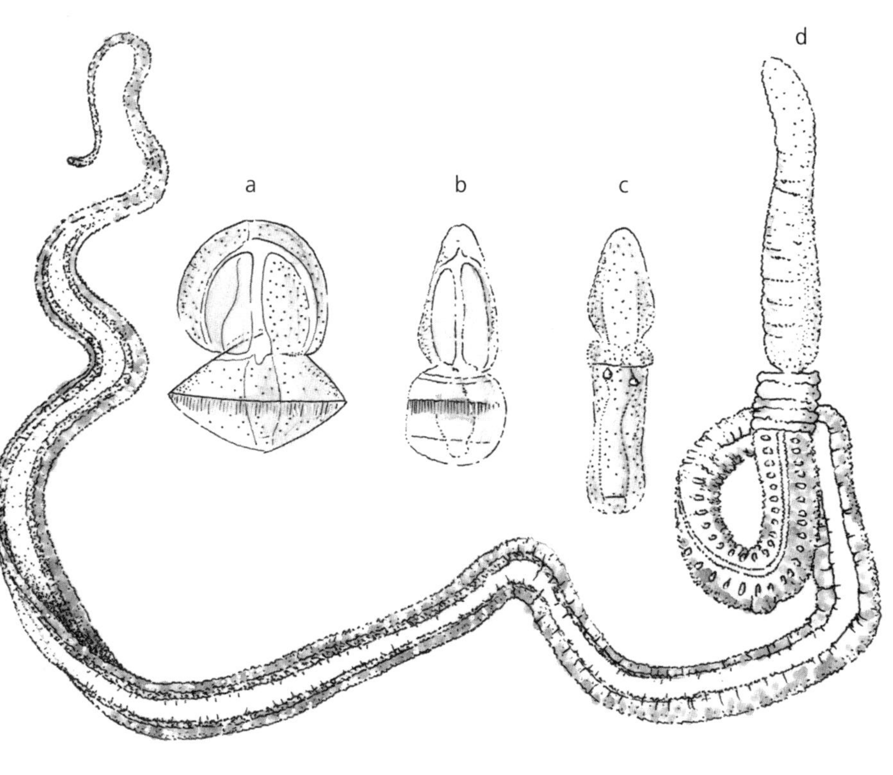

Abb. 7: Eichelwürmer: a., b., c. Wachstumsphasen der Tornaria-Larve, d. adultes Tier (nicht maßstabsgetreu).

Teil II
Chordatiere

Wir Wirbeltiere, also Tiere mit Wirbelsäule, gehören gemeinsam mit Unterstämmen, die vollkommen anders aussehen als Wirbeltiere, zum Stamm der Chordatiere. Chordatiere besitzen eine Chorda dorsalis, eine „Rückensaite". Das allein unterscheidet sie von allen anderen Tieren. Die lange, robuste und gleichzeitig flexible Chorda dorsalis verläuft unterhalb des Neuralrohrs und stützt den Körper.

Aber gehen wir noch einmal einen Schritt zurück. Die Taxonomie in der Biologie ähnelt einer Matrjoschka, wobei in jeder Puppe eine oder Hunderte weitere stecken können. Wenn wir der Einfachheit halber bei der klassischen Taxonomie bleiben, die Tiere also ein Reich bilden, verbergen sich in der Matrjoschka „Tierreich" über 30 Puppen: die Stämme der Schwämme, Nesseltiere, Weichtiere, Ringelwürmer, Plattwürmer, Gliederfüßer, Chordatiere und so fort. In der Matrjoschka Chordatiere stecken wiederum drei: die Unterstämme der Manteltiere (Urochordata), Schädellosen (Cephalochordata) und von uns Wirbeltieren. Die Vorsilben „Uro" und „Cephalo" bedeuten Schwanz beziehungsweise Kopf. Manteltiere haben nur im hinteren, Schädellose auch im vorderen Körperbereich eine Chorda dorsalis. Manteltiere heißen so, weil sie von einem Mantel umhüllt sind. Und wir Wirbeltiere haben wie gesagt Wirbel. Aber was ist dann mit der Chorda? Bei Schädellosen sowie einigen einfachen, heute ausgestorbenen Wirbeltieren bleibt die Chorda lebenslang als stabilisierende Rückenachse bestehen, bei Manteltieren verschwindet sie dagegen im adulten Stadium. Und bei den Wirbeltieren wird sie schon beim Embryo durch die Wirbelsäule ersetzt. Wirbeltiere sind somit die modernste Ausgabe der Chordatiere. Doch auch wenn sie eine knöcherne Wirbelsäule entwickelt haben, stammen sie von den ersten Chordatieren ab.

„Die Ontogenese ist eine kurze Wiederholung der Phylogenese", hat Ernst Häckel geschrieben. Die Entwicklung von der Befruchtung bis zur Geburt wiederholt also im Schnelldurchlauf das, wofür die Evolution Millionen Jahre brauchte. Es ist, als ob wir alle uns als Embryos entsprechend den Phasen der Evolution entwickeln und verwandeln. Und alle Embryos der Chordatiere ähneln sich, denn auch der Embryo der Wirbeltiere besitzt zunächst eine Chorda, die sich dann aber weiterentwickelt. Allerdings bleibt in den Bandscheiben ein Teil der Chorda erhalten, der an unsere Vergangenheit als durchsichtige Meerestierchen erinnert. Wir wollen uns auf den folgenden Seiten unsere Vorfahren einmal näher anschauen. Dann wird auch klar, warum sie in einem Buch über Metamorphose vorkommen.

Manteltiere und Schädellose: unsere nächsten Verwandten

Manteltiere sind in den Meeren mit über 2000 Arten vertreten. In der Matrjoschka „Unterstamm Manteltiere" stecken drei Puppen: die Klassen der Seescheiden, Salpen und Appendikularien. Wie viele Meerestiere entwickeln sich Manteltiere aus Larven, die sich grundlegend von den adulten Tieren unterscheiden. Die Larven der Seescheiden ähneln winzigen

Kaulquappen: mit kugelförmigem Vorderteil und langem, dünnem Hinterteil. An der Kugel, die nur wie ein Kopf aussieht, aber keiner ist, öffnet sich eine Mundhöhle mit Kiemenspalten, dahinter folgt ein kurzer Darm. Mit den Kiemenspalten filtriert die Larve Nahrung aus dem Wasser und absorbiert Sauerstoff. Oberhalb der Mundhöhle befindet sich ein Hirnbläschen, eine Hirnanlage mit dünnem Neuralrohr, das sich entlang des „Schwanzes" fortsetzt. Unter dem Neuralrohr verläuft die Chorda. Das ist schon das ganze Tier.

Von der Strömung getragen und vom Sonnenlicht angelockt, zucken Seescheidenlarven durchs offene Meer und fressen Mikroorganismen. Doch schon nach wenigen Lebenstagen sinken sie auf den dunklen Grund, haften sich an Felsen, große Muscheln, Holzpfähle, Schiffsrümpfe oder andere feste Untergründe und verwandeln sich. Der Schwanz verschwindet und damit auch die Chorda und ein Großteil des Neuralrohrs. Die Larve ist nun ein durchsichtiges Säckchen mit Atemrohr, durch das Wasser, Sauerstoff und Nahrung ein- und ausströmen, und sie legt sich einen zellulosehaltigen Mantel zu. In Form und Ökologie ähnelt sie jetzt einem Schwamm: sesshaft, mit Atemrohr, und als Filtrierer. Hat sie einmal einen Ort zum Anhaften gefunden, verlässt sie ihn nicht mehr. Die Seescheiden oder Ascidien gehören, ob es uns gefällt oder nicht, in der enormen Vielfalt des Tierreichs zu unseren nächsten Verwandten. Es gibt solitäre und Kolonien bildende Seescheiden, und manche ähneln eher Pflanzen als Tieren. In manchen Kolonien sind alle in einen gemeinsamen Mantel gehüllt. Adulte Seescheiden besitzen keine Chorda und ähneln Schwämmen, aber ihre Kaulquappen-Larve beweist uns eindeutig, dass sie Chordatiere sind wie wir.

Anders als die Seescheiden bleiben die Salpen stets planktonisch. Die Larve verwandelt sich in ein beutelförmiges, durchsichtiges, häufig biolumineszierendes, also leuchtfähiges adultes Tier. Salpen lassen sich von der Strömung in einer langen Kette tragen, die durch Knospung des ersten, durch geschlechtliche Fortpflanzung gezeugten Tiers entsteht. Alle Individuen der Kette können sich geschlechtlich fortpflanzen.

Der Unterstamm der Appendikularien ist winzig, planktonisch und behält als adultes Tier die Merkmale der Larve bei: Appendikularien haben einen kugelförmigen „Kopf", einen langen Schwanz, in dem die Chorda weiterbesteht, und sehen genauso aus wie die Kaulquappenlarven der Seescheiden, was sich vermutlich durch Neotenie erklären lässt.

Der Unterstamm der Schädellosen, der nur noch mit drei marinen Lanzettfischchen-Gattungen vertreten ist, hat schon einen ersten Schritt in Richtung Wirbeltiere vollzogen. Schädellose sehen aus wie Fische ohne Schädel und trugen entscheidend zum wissenschaftlichen Fortschritt bei. Studien, die man im Neapel des 19. Jahrhunderts an ihnen durchführte, begründeten die Embryologie. In Neapel nannte man die rätselhaften Tierchen *zumparielli*.

Zu den beeindruckendsten Menschen, die ich je kennengelernt habe, gehörte Pietro Dohrn. Er war der Enkel des deutschen Pioniers der Embryonenforschung, Anton Dohrn, der 1872 die Meeresforschungsstation in Neapel aus der Taufe hob. Von 1954 bis 1967 leitete Pietro die Station und zog dann sehr viel später aufs Land, in das kleine Colli sul Velino in der Provinz Rieti, wo er auf den Ländereien seines wunderbaren alten Hauses, direkt neben einer römischen Villa und einem Kanal, biologischen Dinkel anbaute. Ich wohnte damals in Rieti und kaufte bald ein Haus in seiner Nähe. Im

Dorf war er „der Deutsche". Ich hatte gerade erst mein Diplom gemacht und besuchte ihn oft. Er zeigte mir den Briefwechsel zwischen Charles Darwin und seinem Großvater, und während wir Tee tranken und über Insekten, Geschichte, biologische Landwirtschaft und das Unwissen der Politiker sprachen, nahm er Anrufe von Wissenschaftlern aus aller Welt entgegen. Sein Italienisch mit deutschem Akzent war unverkennbar neapolitanisch gefärbt. Er hatte einen Sohn verloren, und seine blauen Augen blickten stets melancholisch. Ich führte damals, wenige Kilometer vom Dorf, eine Studie am Lago di Ventina durch. Diesen kleinen See mit seiner unermesslichen biologischen Vielfalt hatte Pietro besonders ins Herz geschlossen. Seinem Schutz galt sein letzter großer Kampf. Leider wurde in der Nähe trotzdem eine Autobahn gebaut, aber ich glaube, er würde sich freuen, wenn er wüsste, dass der See mittlerweile unter Naturschutz steht.

Die Larven der Lanzettfischchen sind dünn und lang, und die Chorda verläuft, wie wir schon gesehen haben, entlang des gesamten Körpers. Mund und Kiemen sind seltsamerweise asymmetrisch angeordnet. Links öffnet sich der Mund, rechts arbeiten die Kiemen. Nach einigen Wochen als planktonische Filtrierer machen die winzigen Larven eine Metamorphose durch und sinken auf den Grund. Der Mund wandert zum Bauch und bekommt Borsten, die Kiemen wachsen. Die Lanzettfischchen werden länger, nehmen die Form einer seitlich abgeflachten Lanzette an und beginnen, im Sand vergraben, ihr benthisches Leben. Entlang des Rückens verläuft eine schmale Flosse, verbreitert sich zu einem Schwanz und setzt sich, wie bei vielen Fischen, am Bauch fort.

Lanzettfischchen sind der Prototyp aller nachfolgenden Chordatiere, sozusagen die Ursprungs-Blaupause: zweiseitig symmetrisch, länglich, gestützt von einer robusten, biegsamen Rückenachse und dank seitlicher, modularer Muskelbänder fortbewegungsfähig. Letztere wurden von allen nachfolgenden Chordatieren, einschließlich uns, übernommen. Einige winzige Details fehlen allerdings noch: Kopf, Gehirn, Sinnesorgane, Werkzeuge. Doch mit den Neunaugen kommt etwas Neues hinzu.

Neunaugen: falsche Fische

Neunaugen werden oft als Fische bezeichnet. Allerdings stellen Fische keine klar definierte Tiergruppe dar. Sie können hinsichtlich Anatomie und Anpassungsstrategien höchst unterschiedlich und abstammungsgeschichtlich sehr weit voneinander entfernt sein. Lungenfisch, Forelle und Hai verbindet nicht viel mehr als Stromlinienform, Flossen und Kiemen, kurzum ein Leben im Wasser. Die Vielfalt des Lebens zwingt uns auch hier zu Verallgemeinerungen. Aber mit diesem Gedanken im Hinterkopf, ähneln Neunaugen tatsächlich Fischen: Sie leben im Wasser, besitzen Form und Flossen wie ein Aal und Fischaugen. Bei näherem Hinsehen können einem allerdings Zweifel kommen: Der Mund ist gelenklos, eher ein runder Saugnapf mit Zähnen, die Zunge eine zylinderförmige Raspel. Kiemendeckel fehlen, stattdessen haben Neunaugen entlang der Seiten, hinter dem Auge, eine Reihe aus sieben Löchlein. Auch Brust- und Bauchflossen sucht man vergeblich. Aber Neunaugen besitzen zweifellos einen Kopf, ein echtes Gehirn, Sinnesorgane (Augen und Nasenöffnungen) und vor allem ein, wenn auch unvollständiges, knorpeliges Skelett. Verglichen mit Schädellosen ist das Neunauge ein modernerer

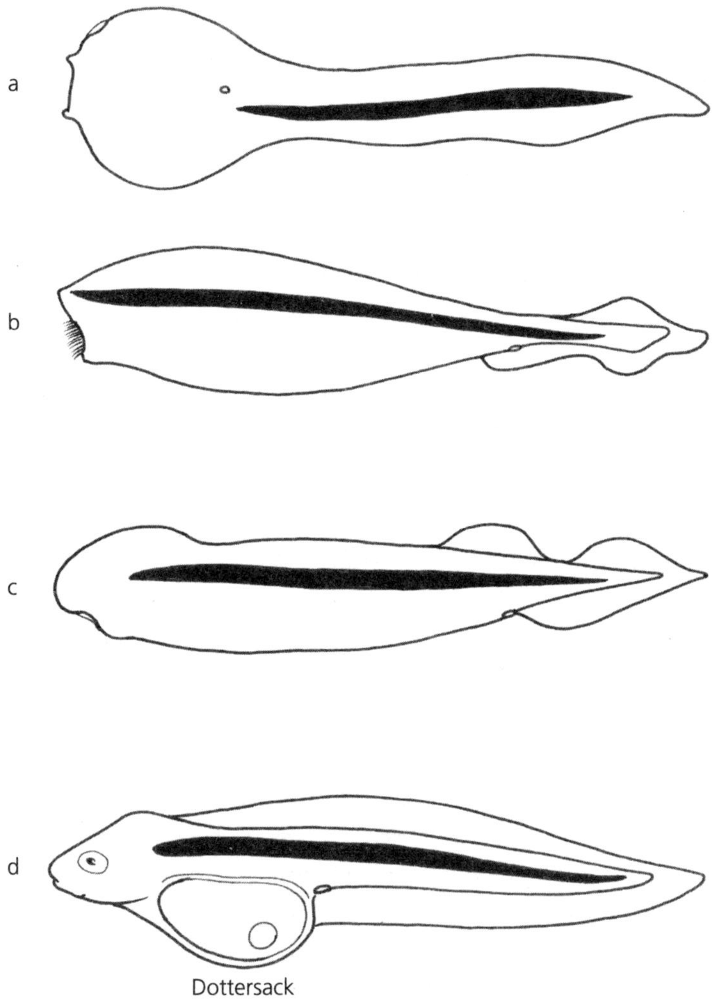

Abb. 8: Larven von vier unterschiedlichen Chordatiergruppen: a. Manteltiere, b. Schädellose, c. Rundmäuler (Neunaugen), d. Fische (nicht maßstabsgetreu).

Chorda-Prototyp, so modern, dass man es auf den ersten Blick als Fisch bezeichnen könnte. Das Skelett mit echtem, den Kopf schützenden Schädel bedeutet einen Qualitätssprung: ein erstes Wirbeltier, wenn auch ein sehr schlichtes und paradoxerweise noch ohne Wirbel.

Neunaugen (*Petromyzonta*) bilden gemeinsam mit Schleimaalen (*Myxinoidea*) die Klasse der Rundmäuler. Die Schleimaale leben im Meer, häufig in großen Tiefen, und ernähren sich von toten oder kranken Fischen. Dank fleischiger Lippen und Lippententakeln können sie ihre Nahrung in völliger Dunkelheit ertasten. Sie haben rudimentäre Augen, die von Haut bedeckt sind. Wir kennen nur knapp hundert Arten. Die rätselhaften Tiere sind wenig erforscht, aber weil sie keine Larven haben und keine Metamorphose durchmachen, sollen sie uns hier nicht weiter interessieren.

Anders die Meerneunaugen (*Petromyzon marinus*). Sie bevölkern die Meere der halben Welt, nähern sich im Herbst den Küsten und wandern dort die Flüsse hoch. Jetzt sind sie groß geworden, manche Arten über einen Meter lang und zwei Kilo schwer. Im Frühjahr erreichen sie ihren Laichplatz, einen sauerstoffreichen Flussarm mit Kiesbett. Seit sie das Meer verlassen haben, haben sie nicht mehr gefressen. Die Weibchen buddeln ein Loch in den Kies und legen jede Menge ein Millimeter große Eier hinein, damit die Männchen sie befruchten. Bei manchen Arten kommen die Männchen allerdings zuerst am Laichplatz an und graben schon das Loch. Neunaugen verhalten sich also genauso wie Lachse, doch aus unerfindlichen Gründen werden nur Letztere in endlosen Tierfilmen verewigt, gern gemeinsam mit Braunbären, die sie im Sprung packen. Nach der Paarung sterben Männchen und Weibchen. Genauso wie Lachse pflanzen sie sich in ihrem immerhin mehrjährigen Leben nur einmal fort. Die Larven, die aus den Eiern schlüpfen, heißen Querder und unterscheiden sich stark von adulten Neunaugen. Der Mund ist zahnlos und nicht rund, sondern hufeisenförmig, die Augen sind mit Haut bedeckt, und insgesamt ähneln sie mehr Lanzettfischchen als Neunaugen. Lange wurden sie denn auch als eigene Art beschrieben, wie die Weidenblattlarven der Aale oder die Veligerlarven der Weichtiere, die man noch Mitte des 19. Jahrhunderts für eine eigene Art hielt. Kein Wissenschaftler erkannte, dass die winzigen Süßwasserfiltrierer die Larven der Neunaugen sind, die als Fischparasiten im Meer lebten. Genauso wie Lanzettfische vergraben sich Querder schräg im Sand oder Schlamm und filtrieren organische Substanzen und Mikroorganismen aus dem Wasser. Das Larvenstadium dauert üblicherweise fünf Jahre, es sind aber auch Fälle bekannt, wo die Metamorphose erst nach 19 Jahren erfolgte, vermutlich in Gefangenschaft. Mit der Metamorphose verwandelt sich der Querder grundlegend: Der Mund nimmt seine endgültige, runde Form an, der filtrierende Schlund verschwindet, die Augen entwickeln sich. Und natürlich reifen die Keimdrüsen heran. Der Querder ist nun ein junges Neunauge, zehn bis 20 Zentimeter lang, und nimmt sein zweites Leben als Fischparasit auf.

Als Wirt wählen Neunaugen beliebige Meeres- oder Süßwasserfische von geeigneter Größe: Meeräsche, Lachs, Hering, Kabeljau, Forelle, sogar Haie. Manche greifen auch Delfine und Wale an. Sie halten sich mit dem Mund am Wirt fest und saugen dank der kolbenartigen Zunge Blut aus Haut und Schuppen. Nach der Metamorphose machen sie sich auf den Weg zurück ins Meer, wo sie zwei bis drei Jahre verbringen, dann wandern sie wieder flussaufwärts zu ihren manchmal über 800 Kilometer weit entfernten Laichplätzen, pflanzen sich fort und sterben. Auf ihrer Wanderung orientieren sich Neunaugen möglicherweise an chemischen Spuren, die sie als Querder gelegt haben. Wo Larven waren, gibt es vermutlich optimale Bedingungen für das Überleben adulter Neunaugen, solchen Flüssen kann man, als letztem und wichtigstem Akt eines langen Lebens, seine Eier anvertrauen. Ich habe nur ein einziges Mal ein lebendes Neunauge gesehen, an der salzigen Meeresmündung des Kissona Faraggi in Südkreta. Das Neunauge hing, etwa halb so lang wie sein Wirt, wie ein riesiger Blutegel an einer großen Meeräsche. Der Sommer hatte den Fluss durch einen Sandstreifen vom Meer getrennt, der dem Meeräschenschwarm samt unerwünschtem Begleiter den Weg versperrte. Mit der ersten Sturmflut im Winter würden die Meeräschen ins offene Meer zurückkehren, das Neunauge seinen Wirt wohl für einen größeren Fisch verlassen und weiterwachsen, um Jahre später zum Laichen wieder in den Fluss zurückzukehren.

Nicht alle Neunaugen leben jedoch im Meer und wandern zum Laichen flussaufwärts. In Italien etwa verbringen Bachneunaugen (*Lampreta planeri*) und Oberitalienische Neunaugen (*Lethentreron zanandreai*) ihr gesamtes Leben in Flussläufen. Wesentlich kleiner als die marinen Arten haben sie Meeresleben und Parasitentum aufgegeben. Doch auch sie sterben nach dem Laichen. Einige Wochen später schlüpfen winzige, augenlose Querder und filtrieren sofort Mikroorganismen und organische Partikel aus dem Wasser. Im Schlamm vergraben, wachsen sie über einen Zeitraum von drei bis fünf Jahren. Dann folgt die Metamorphose. Die Keimdrüsen reifen, die Augen und das saugende, bezahnte Rundmaul entwickeln sich. Aber sie werden es niemals nutzen. Während es sich entwickelt, bildet sich der Verdauungsapparat zurück. Die adulten Tiere ernähren sich nicht mehr. In ihrem nur wenige Wochen oder Monate währendem Erwachsenenleben haben sie nur die eine Aufgabe, sich fortzupflanzen, danach sterben sie.

Süßwasserneunaugen, die fast ihr gesamtes Leben als Larven verbringen, stimmen nachdenklich. Die adulten Tiere wandern nicht und fressen nicht, sie sind lediglich Träger der Keimzellen. Die Larve hat hinsichtlich Ökologie und Lebensdauer zweifellos die bedeutendere Rolle, sie verweist die adulten Exemplare auf den zweiten Rang. Doch googelt man ‚Bachneunauge' und andere Neunaugenarten, sieht man nur Bilder von adulten Exemplaren. Es ist, als gäbe es die Querder gar nicht.

Teil III
Fische

Die Klassifizierung der Lebewesen entspricht eher menschlichen Bedürfnissen als der Realität, habe ich zu Beginn geschrieben. Wie immer ausgefeiltere Techniken der Gen- und DNA-Analysen zeigen, lassen sich die Tiere, Pflanzen, Bakterien und Pilze nicht in die Schubladen der klassischen Taxonomie, von Reichen bis zu Arten, stecken. Die Vielfalt der Natur ist zu groß, es gibt mehr Grau als Schwarz und Weiß. Dasselbe gilt für das Konzept der Metamorphose: Was ist noch der normale Wandel vom Jugend- zum Erwachsenenstadium, was schon echte Metamorphose? Bei Insekten lassen sich Larve und adultes Tier (fast) immer eindeutig auseinanderhalten. Vor dem Frosch war die Kaulquappe. Auch Parasiten und wirbellose Meerestiere durchlaufen klar unterscheidbare Phasen. Doch bei den Fischen, die über ein mehr oder weniger verknöchertes Skelett verfügen, also bei den Echten Knochenfischen, ist die Sache schon weniger eindeutig. Abgesehen von ovoviviparen Arten, bei denen sich die Eier in der Mutter entwickeln und fertig entwickelte Junge zur Welt kommen, unterscheiden sich junge und adulte Fische bei allen Arten. Aber kann man hier von Metamorphose sprechen? Nirgendwo scheint der Begriff der Metamorphose derart schwammig und schwer definierbar zu sein wie bei den Fischen. Jungfische sind, verglichen mit adulten Tieren, winzig, normalerweise nur ein bis vier Millimeter groß. Nach dem Schlüpfen besitzt der Jungfisch einen Dottersack, halb so groß wie er selbst, der ihn in den ersten Lebenstagen ernährt. Der Verdauungsapparat ist schon ausgebildet, aber noch nicht in Betrieb. Mund und Anus sind verschlossen. Eine einzige strahlenlose Flosse sorgt durch Diffusion von Sauerstoff für den Luftaustausch. Während der Jungfisch wächst, verkleinert sich der Dottersack, und wenn der Verdauungsapparat funktionstüchtig ist, verschwindet er ganz. Jungfische weisen eine andere Färbung auf als adulte Exemplare, ihre Pigmentzellen oder Chromatophoren sind noch anders kombiniert. Ihre Augen sind unpigmentiert und befinden sich noch nicht an endgültiger Stelle. Aber ist der Jungfisch damit eine Larve? Macht er eine Metamorphose durch oder nur mehrere Verwandlungsstufen? Jedenfalls verwandelt er sich, wenn auch wenig offensichtlich, mehrfach und tiefgreifend.

Er durchläuft, ob nun Larve oder nicht, fünf Entwicklungsphasen: Dottersack-Phase, vorflexible, flexible, postflexible und Verwandlungsphase. Die erste Phase habe ich bereits erwähnt, sie betrifft allerdings vor allem Arten mit Laich und Larvenstadium im offenen Meer. Bei den anderen Arten ist der Dottersack schon vor dem Schlüpfen aufgebraucht. In der vorflexiblen Phase ist die Chorda dorsalis noch gerade und starr, in der flexiblen biegt sie sich im hinteren Bereich, bis das Ende um 45 Grad zur Körperachse gebeugt ist; zudem bilden sich die Hauptstrahlen der Schwanzflosse und einige Knochen. In der postflexiblen Phase nähern sich Form und Färbung zunehmend denen der Jugendphase an. In der Verwandlungsphase wird die Strahlenbildung der Flossen schließlich abgeschlossen, die Schuppen entstehen, die Jugendmerkmale verschwinden und die Flossen rücken, wie die nun farbigen Augen, an die richtige Stelle. Proportionen und Färbung des Körpers wandeln sich, bis der Jungfisch wie ein kleiner adulter Fisch aussieht. Allein in dieser Phase lassen sich hinsichtlich Färbung, Körperform, Augen- und Flossenpositionen bis zu 14 Verwandlungen ausmachen. Und fertig ist der Fisch.

So wie bei den Insekten Maden, Raupen, Engerlinge und viele andere Larvenformen unterschieden werden, gibt es auch bei den Fischen eine Terminologie der Larvenformen, die Körperform, Anzahl der Muskelabschnitte in der Rumpfmuskulatur (Myomere), Flossenposition, Position und Typologie der Pigmentzellen, Position von Anus und vieles mehr berücksichtigt.

Doch kann man einen Jungfisch wirklich mit einer Fliegenmade vergleichen? Fische kennen keine Verpuppung oder Ähnliches, ihre Verwandlung ist tiefgreifend, verläuft aber stufenweise. Kann man hier also von einer Larve sprechen? Und wenn dieser Gestaltwandel auf alle Fische zutrifft, was ist dann mit der Metamorphose von Aal und Scholle? Auch bei den Fischen lässt sich die biologische Wirklichkeit nicht mit den Gehirnstrukturen einer vermeintlich überlegenen Art, die noch dazu von Fischen abstammt, erfassen. Wenn wir eine Grenze zwischen dem Wandel vom Jungtier zum adulten Tier und einer echten Metamorphose ziehen wollen, müssen wir uns darum mehr an die Ökologie als an die Morphologie halten. Bei einer echten Metamorphose, ob bei Insekten, Amphibien oder Parasiten jeglicher Art, geht mit jeder Verwandlung eine ökologische Revolution einher: Die freischwimmende Blastula der Schwämme wird zum sesshaften, filtrierenden Organismus, die blätterfressende Raupe zum flugfähigen, nektarsaugenden Schmetterling, die im Wasser lebende, Bakterien filtrierende Mückenlarve zum fliegenden Insekt und Blutsauger von Landwirbeltieren, die organische Sedimente fressende Kaulquappe zum hüpfenden, räuberischen

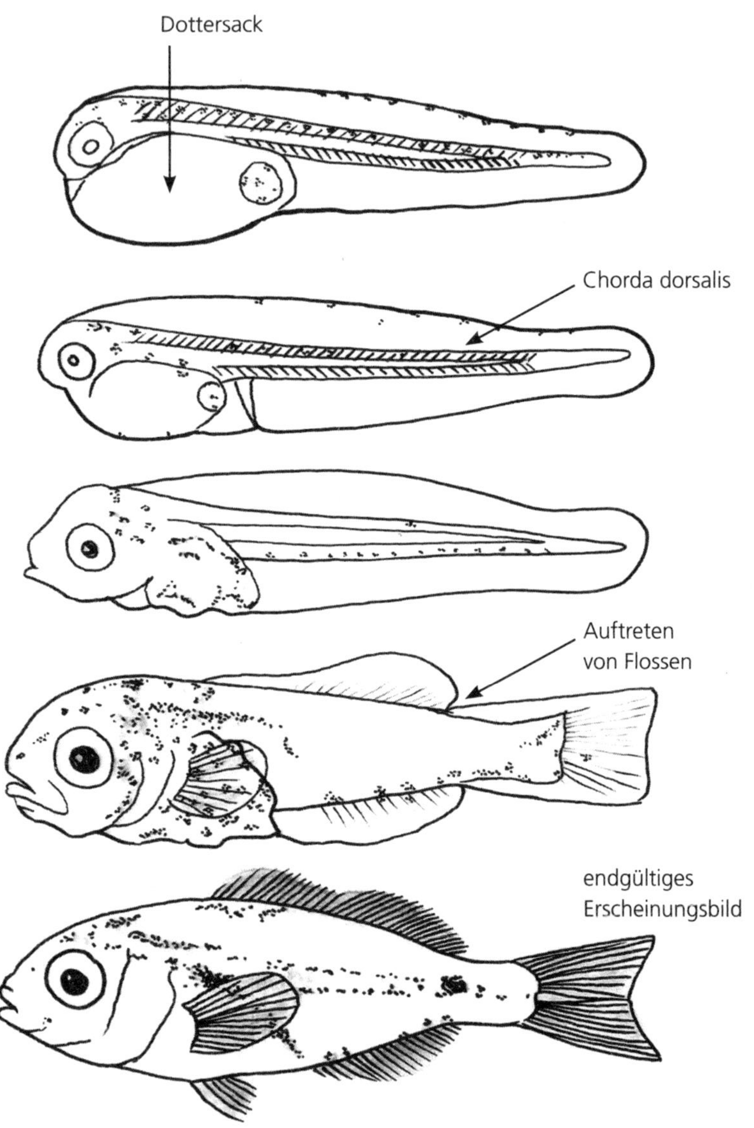

Abb. 9: Fische: einige postembryonale Entwicklungsphasen.

Frosch an Land. Dasselbe gilt für die Larven von Neunauge, Aal oder Scholle. Der Wechsel von einem Ernährungs- oder Atmungstyp zum andern, vom Wasser ans Land, vom Plankton zum Gewässergrund bringt im Übrigen notgedrungen morphologische und physiologische Veränderungen mit sich. Im Wasser braucht man Flossen und Kiemen, an Land Pfoten und Lunge, zum Fliegen Flügel. Wenn wir diese Grenze ziehen, entstehen allerdings neue Fragen: Gab es bei Insekten, Fischen, Amphibien und den vielen anderen Organismen schon immer eine Metamorphose oder zunächst Formen ohne Metamorphose? Und hat sich die adulte Form aus der Larve entwickelt oder umgekehrt? Um eine berühmte Frage abzuwandeln: Was war zuerst da, Frosch oder Kaulquappe?

Die Reise der Weidenblattlarve

Alles begann 1904, als der dänische Forscher Ernst Johannes Schmidt unbedingt herausfinden wollte, wo der europäische Aal laicht. Obwohl der Aal in ganz Europa gefischt, gezüchtet und gegessen wurde, konnte ihm das merkwürdigerweise keiner sagen. Der weitverbreitete, beliebte Fisch war überaus rätselhaft. Schon Aristoteles und Plinius hatte die Frage beschäftigt, und sie hatten irgendwann geschlussfolgert, er komme aus dem Schlamm oder dem Erdinneren. Leider hatte noch niemand, wie bei allen anderen Fischen, ein frisch geschlüpftes Exemplar oder einen weiblichen Aal mit Eiern gesehen. Das Jahr 1896 brachte eine erste Wende. Die italienischen Forscher Giovanni Battista Grassi und Salvatore Calandruccio konnten zeigen, dass der Aal durch Metamorphose aus einem 40 Jahre zuvor beschriebenen Fischlein entstand. Das halbdurchsichtige, wie ein Weidenblatt geformte, circa neun Zentimeter lange Fischchen hatte man damals *Leptocephalus brevirostris* getauft, „Dünner Kopf mit kurzem Maul“. Doch nun begriff man, dass es sich nicht um eine eigene Fischart, sondern eine Lebensphase des Aals handelte. Allerdings lebte der eine im Meer und der andere in Flüssen, und hinsichtlich Form, Größe und Erscheinungsbild hatten beide so wenig miteinander gemeinsam wie Raupe und Schmetterling.

Es blieb also ein Rätsel, wo die Weidenblattlarven schlüpften. Hätte der Däne Schmidt da nicht eine ebenso verrückte wie geniale Idee gehabt. Er bestieg ein Schiff, befuhr die Meere und fischte mit feinen Planktonnetzen die Larven aus dem Wasser. Dann nahm er Maß. Offensichtlich wurden die Larven umso kleiner, je mehr er sich in westlicher Richtung von der europäischen Küste entfernte. Wenn er der Spur der kleiner werdenden Larven folgte, musste er den Laichplatz doch finden! Also durchpflügte er den nördlichen Atlantik in alle Richtungen, wobei er sich nicht vom Kompass, sondern von der Größe der Weidenblattlarven leiten ließ. Die Spur führte ihn nah an die amerikanische Küste, in die Sargassosee. Dort fischte er die allerkleinste Larve aus dem Wasser: knapp einen Millimeter lang, noch mit Dottersack. Der ernährte die frisch geschlüpften Fische, ehe sie selbstständig Nahrung suchten. Nirgendwo im Atlantik fanden sich kleinere Exemplare. Schmidt erkannte als Erster, dass der Europäische Aal als Weidenblattlarve in der Sargassosee schlüpft, Tausende Kilometer von den Flüssen entfernt, in denen die adulten Aale leben. Das war 1922. Seine Suche hatte 18 Jahre gedauert. Bis zur Veröffentlichung seiner Ergebnisse musste er noch einige Schwierigkeiten überwinden, doch 1930 wurde er für seine Verdienste mit der Darwin-Medaille der britischen Royal

Society geehrt. Noch heute ist Ernst Johannes Schmidt hauptsächlich für diese Entdeckung bekannt. Drei Jahre später, mit nur 56 Jahren, starb er.

Sargassosee, Mai. Mitten im Atlantik. Westlich liegen die Großen Antillen mit Kuba, Hispaniola, Jamaica und Puerto Rico, 3000 Kilometer östlich die Azoren. Ihren Namen hat die Sargassosee von der braunen Alge *Sargassum*, die in riesigen Teppichen auf dem Wasser treibt. In diesen Algenwiesen schlüpfen von Mai bis Juli, bei Wassertemperaturen um die 20 Grad, winzige Weidenblattlarven, fressen sofort Plankton und wachsen. Nach drei Monaten sind sie zweieinhalb Zentimeter lang, dünn und schmal wie ein Blättchen und durchscheinend wie Glas. In der Strömung schaukelnd und stetig fressend lassen sie sich im Algenteppich weitertreiben, bis sie vom Golfstrom erfasst werden. Drei Jahre später werden sie an die Küsten Europas und Afrikas gespült, von Skandinavien bis Marokko. Viele passieren auch die Straße von Gibraltar und treiben übers Mittelmeer bis ins Schwarze Meer.

Wenn sie drei Jahre alt sind und in Küstennähe treiben, messen sie mittlerweile neun Zentimeter. Zeit für die erste Metamorphose. Ihr Körper wird schlangenförmig, fast zylindrisch; entlang des Rückens bildet sich eine Flosse, die sich bis zum Bauch fortsetzt. Die Weidenblattlarve ist nun ein Glasaal, durchsichtig und wenige Zentimeter lang. Im März sammeln sich die Glasaale milliardenfach in Flussmündungen und schwimmen flussaufwärts. Nachts wandern sie Meter für Meter gegen den Strom, tagsüber verstecken sie sich: ein nächtlicher Strom winziger Glasaale gegen das strömende Wasser. Millionen von ihnen sterben, trotzdem erreichen noch immer viele das Ziel: Mittel- und Oberläufe von Flüssen, Seen, Teiche, Kanäle, Sümpfe. In allen stehenden und fließenden

Süßgewässern, vom Flachland bis auf 1.500 Meter Höhe, kann man Aale finden.

Es folgt die zweite Metamorphose: Der Glasaal wird zum Steigaal, einem echten Aal, auch Gelbaal genannt. Er frisst nun Wasserinsekten, Krebstiere, kleine Fische und wächst. Bei Männchen dauert diese Phase acht, bei Weibchen 15 Jahre. Dann passiert wieder etwas. Wenn die Männchen ungefähr einen halben Meter und die Weibchen ungefähr doppelt so lang sind, verändert sich ihre Färbung, der Rücken wird schwarz, der Bauch silbrig. Und wieder machen sie sich auf die Reise, diesmal in Richtung Meer. Im Herbst hören Männchen wie Weibchen auf zu fressen und leben nur noch von Reserven. Darum ist Aalfleisch so fett. Ihre Augen werden größer und treten hervor, vielleicht können sie im tiefen Meer so besser sehen. Die silbernen Aale, jetzt auch Blank- oder Silberaal genannt, schwimmen jetzt also flussabwärts. Bei Hindernissen verlassen sie das Wasser und kriechen, am besten nachts, wenn die Sonne sie nicht umbringt, wie Schlangen über den Boden. Dabei atmen sie über die Haut. Schließlich erreichen sie wieder die Flussmündung und verschwinden in den Tiefen des Meeres. Dort hat sie bislang noch nie jemand beobachtet. Doch offenbar kehren sie auf denselben Wegen zurück, die sie als Weidenblattlarve genommen haben, nur in entgegengesetzter Richtung. Eine monatelange Wanderschaft, ohne Halt, ohne Nahrungsaufnahme. Das Ziel: die Sargassosee. Dort angekommen, paaren sie sich, legen bis zu fünf Millionen Eier ab und sterben, wohl alle. Die Larven schlüpfen, wenn die Wassertemperatur im Mai wieder 20 Grad erreicht, und alles beginnt, wie 20 Jahre zuvor, von vorn.

Der Aal ist ein Fluss- und Meereslebewesen, als Silberaal, Gelbaal, Glasaal, Weidenblattlarve. Er wandert 6000 Kilometer hin und wieder zurück, um sich dort zu paaren, wo er geboren wurde. Form und Natur des Aals entgleiten uns. Noch nie wurde ein Aal in der Meerenge von Gibraltar gesichtet. Aber er muss dort vorbeikommen. Vor europäischen Küsten treiben so kleine Weidenblattlarven, dass sie unmöglich aus der Sargassosee stammen können. Sollte es noch einen anderen Laichplatz geben? Aber wo? Und warum durchquert der Aal überhaupt zwei Mal den Atlantik? Warum wandern nicht alle Aale wie der Amerikanische Aal die amerikanischen Flüsse hoch, die doch viel näher sind? Nehmen sie noch immer dieselbe Route wie in lang vergangenen Zeiten, als der Atlantik nur ein langer Spalt zwischen zwei Kontinentalplatten war? Schwammen die einen damals einfach ostwärts und die anderen westwärts? Und wurden ihre Wanderungen Jahr für Jahr, Generation für Generation immer länger, weil sich der Atlantik öffnete und die Küsten sich voneinander entfernten?

Heute sieht es schlecht für die Aale aus. In manchen europäischen Regionen sind in den vergangenen 50 Jahren bis zu 99 Prozent der Aale verschwunden. Die Art ist vom Aussterben bedroht. Die Ursachen: Auf ihrer Wanderung holt man sie mit Fangnetzen aus den Flüssen oder sie stoßen auf unüberwindliche Hindernisse; Wasserverschmutzung, Klimawandel und die Trockenlegung von Feuchtgebieten bedrohen ihr Habitat. Möglicherweise finden sie nicht mehr zuverlässig ihre Wanderroute, weil sie von einem parasitären Wurm befallen werden, der über importierte japanische Aale eingeschleppt wurde. Das hat auch ökonomische Schäden zur Folge: Seit 1968 ist der Aalabsatz um 76 Prozent geschrumpft, die Art kann den Fangquoten von frei lebenden Aalen für Zucht und Verkauf nicht mehr standhalten.

Der Fisch, der auf der Seite liegt

Wer kennt sie nicht, die Scholle und ihre engen Verwandten, Steinbutt, Flunder, Heilbutt oder Seezunge. Sie alle gehören zu den Plattfischen, die mit 500 Arten weltweit in Meeren und Flüssen vorkommen. Beliebte Fische, meist gut essbar, aber aus der Nähe betrachtet irgendwie beunruhigend. Man muss sie nur mal genauer anschauen. Schiefer Mund, zwei unterschiedliche Augen, Kiemen, wo eigentlich keine hingehören. Die eine Seite rau, mit dunkler Tarnfarbe, die andere weiß und leer. Auch Rochen oder Seeteufel sind platt, aber symmetrisch. Teilt man sie mittig vom Maul bis zur Schwanzspitze, erhält man zwei identische Hälften.

Anders die Scholle. Frisch aus dem Ei schlüpft, ist sie ein flinkes Fischchen wie andere, aber dann sinkt sie zu Boden und wird platt, um sich dem Leben am sandigen Grund anzupassen. Platt und gut getarnt verbirgt sie sich mit einer einzigen Flossenbewegung vor Jäger und Beute, nur die Augen schauen noch heraus. Die Scholle macht dabei eine im Tierreich einzigartige Metamorphose durch: Ihre eine Seite, je nach Art die rechte oder linke, wandert auf die andere. Das eine Auge verlässt seinen Platz und wandert über den Kopf oder durchs Gewebe neben das andere, das geduldig wartet. Das gewanderte Auge nistet sich in einer falschen Augenhöhle ein, die ursprüngliche Augenhöhle bleibt leer zurück. Die Flossen wandern, der Mund wird schief, der Schädel verformt sich, genauso die Außenlinie. Eine Seite bekommt Punkte und imitiert perfekt den sandigen Grund, die andere entfärbt sich. Schließlich richtet sich die Scholle am Grund ein, aber nicht, wie naheliegend, auf dem Bauch, sondern auf der Seite. Die Tarnseite mit den Augen oben, die helle, blinde Seite

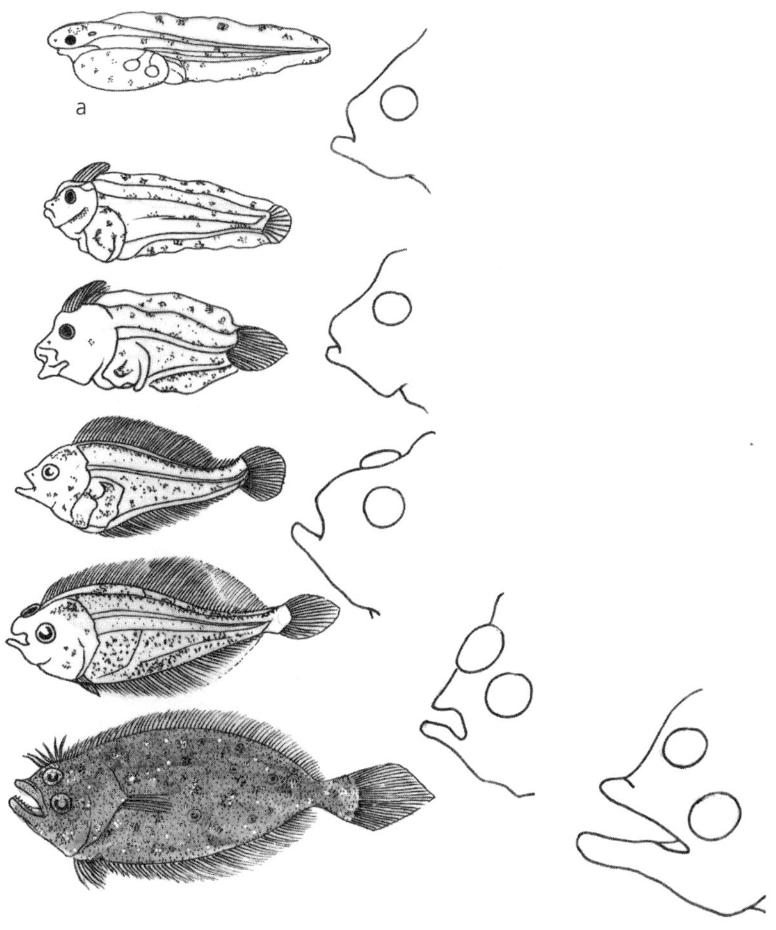

Abb. 10: Entwicklungsphasen der Plattfische: (*Scophthalmus*): a. Dottersack, Zeichnung rechts: Wanderung des rechten Auges auf die linke Kopfseite (nicht maßstabsgerecht).

unten. Von nun an führt sie, immer gut versteckt, ein Leben am Grund, jagt kleine Fische, wird selbst von Rochen gejagt. Seit 50 Millionen Jahren gibt die Scholle die Senkrechte für die Waagerechte auf, vergräbt sich scheu im Sand und schielt von unten auf die Welt.

Ein Laich, vom Wind verweht

Auch Meerbarben leben ein zweigeteiltes Leben. Die kleinen Fische bewohnen flache, küstennahe Meeresgewässer, manche Arten bevorzugen eher felsige, andere eher sandige und schlammige Untergründe. Den Mund abwärtsgerichtet, tasten sie mit langen Barteln nach winzigen Wirbellosen. Das Wandern liegt ihnen nicht, ihr ganzes Leben verbringen sie auf ein paar Quadratmetern. Nur zur Laichablage verlassen sie den stillen Meeresgrund. Denn sie haben entdeckt, dass der Wind bei Sonnenuntergang stets vom Land her weht. Das tagsüber von der Sonne erwärmte Meer gibt seine Wärme an die darüber liegende Luft ab, die sich erwärmt, ausdehnt, an Dichte verliert und aufsteigt.

Es entsteht ein Tief über dem Meer. Weil das Land abends die tagsüber gespeicherte Wärme schneller wieder abgibt als das Meer, fließt die Luft vom Land in Richtung des Tiefs über dem Meer. Das ist der Landwind. Die Meerbarben wissen das offenbar. Mit der Dämmerung steigen sie in Küstennähe bis dicht unter die Meeresoberfläche auf, und die Weibchen legen Eier ab, die von den Männchen auf der Stelle befruchtet werden. Weil die nicht einmal einen Millimeter großen Eier einen Öltropfen enthalten, treiben sie auf dem Wasser und werden mit der Abendbrise weit ins offene Meer hinausgetrieben, dorthin, wohin sich die Eltern nie wagen würden. Und weil der Laich im Laufe der Nacht schwerer wird und leicht absinkt, wird er von der Meeresbrise des Tages nicht an die Küste zurückgeweht.

Aus den Eiern schlüpfen winzige Jungfische, die ihren Eltern kaum ähneln. Sie sind länglich, bläulich und besitzen keine Barteln, die sie im offenen Meer auch nicht gebrauchen könnten. Doch im Plankton finden sie reichlich Nahrung, vor allem Krebschen, noch winziger als sie. Schon bald ist die junge Meerbarbe vier bis fünf Zentimeter groß. Jetzt wird sie rundlicher, Barteln bilden sich, aus einer bläulichen wird eine rosa Färbung. Zeit für einen Ortswechsel. Die junge Meerbarbe kehrt in die flachen Küstengewässer und Lagunen zurück und sinkt auf den Grund. Schluss mit der Freiheit des offenen Meeres, sie zirkelt sich ihr privates Grundstück ab, wo sie nach Muscheln, Würmern, Krebsen und winzigen Fischen sucht. Ihr zweites, ihr Erwachsenenleben hat begonnen. Sie wächst weiter und macht sich schließlich in tiefere Gewässer auf. Eines Nachts steigt sie an die Oberfläche und vertraut ihre Gene der Abendbrise an.

Ich gebe zu, der Unterschied zwischen jungen und adulten Meeresbarben ist nicht riesengroß, aber ihr Lebenszyklus ist so wunderschön, dass ich ihn nicht unterschlagen wollte. Es rührt mich, dass ein Fisch, der am Meeresgrund lebt, seine Eier, die Zukunft seiner Art, dem Wind anvertraut. Es erinnert mich an die Geschichten von Migranten, vor meinem inneren Auge sehe ich Milliarden winzige, auf dem Meer treibende, vom Mondschein beschienene Eier, ich denke an Pinocchio, der nach tausenderlei Schwierigkeiten aus einem Haifischbauch floh und verwandelt an Land zurückkehrte. Kurzum, der Lebenszyklus der Meerbarbe und anderer küstennaher benthischer Fische wie Brasse und Goldbrasse ist vielleicht keine echte Metamorphose, aber erzählenswert.

Drachen mit Stielaugen

Wohl kaum ein Fisch wirkt so bizarr wie der Schwarze Drachenfisch (*Idiacanthus*), der in über 1000 Metern Tiefe lebt. In drei Arten bewohnt er die warmen und gemäßigten Meere der Welt. In der Natur kommt der Begriff der Schönheit nicht vor, aber man kann wohl trotzdem sagen, dass die Proportionen dieses Fischs nicht gerade ausgewogen sind: ein dunkler, aalförmiger Körper, ein großer Kopf mit riesigem Maul, langen, spitzen Zähnen, am Kinn eine lange Bartel mit leuchtendem Fortsatz (Photofore). Entlang der Seiten befinden sich weitere Leuchtorgane. Brustflossen sucht man vergebens. Der etwa 40 Zentimeter lange Schwarze Drachenfisch sieht eher wie ein Nachtalp aus. Wenn er sein riesiges Maul aufreißt, verschlingt er alles, was hereinschwimmt. In seiner absolut dunklen Umgebung, die wohl zu den unwirtlichsten und einsamsten der Erde gehört, ist Fressen schwierig. Wenn sich eine Gelegenheit bietet, muss man mitnehmen, was geht; wer weiß, wann es wieder etwas gibt. Auch wenn der Schwarze Drachenfisch die Tiefe nicht wirklich verlässt, steigt er zum Fressen nachts auf und mit dem Morgengrauen wieder ab. Seinen leuchtenden Fortsatz bewegt er dabei wie eine Angel; wie andere Tiefseefische, etwa der Seeteufel, lockt er so Beute an. Seine Zähne sind dermaßen überproportioniert, dass er sie eindrehen muss, um sein Maul zu schließen. Soweit die Weibchen. Die Männchen sind ganz anders, nur fünf Zentimeter groß, heller, zahnlos, ohne leuchtende Barbe und funktionierenden Verdauungstrakt. Die Männchen der Art *Idiacanthus fasciola* haben nicht einmal ein knöchernes, sondern nur ein Knorpelskelett.

Die Männchen, ohne Mundwerkzeuge, nehmen keine Nahrung zu sich. Ihre einzige Aufgabe ist es, die zigtausend Eier der Weibchen zu befruchten. Ihre Hoden sind denn auch besonders groß. Nach der Begegnung zwischen Männchen und Weibchen und der Befruchtung treibt der Laich als Teil des Planktons im Meer. Die Larven, die daraus schlüpfen, sind noch bizarrer als ihre Eltern: fünf Millimeter lang, mit plattem Kopf, daran zwei Knorpelfortsätze, die ein Drittel der Körperlänge ausmachen und wie Schneckenfühler beweglich sind. Daran sitzen, auf einem konischen Kelch, die Augen. An Bauch und Rücken verlaufen durchgehende Flossen, zudem gibt es zwei Brustflossen. Der Darm stülpt sich wie ein wurmförmiger Schwanz vom Anus nach außen. Die befremdliche Larve ernährt sich von Plankton, wächst und macht mehrere Verwandlungen durch: Die Brustflossen verschwinden, dafür tauchen nacheinander Schwanzflosse, Rückenflossen, Afterflosse und Beckenflosse auf. Der Kopf wächst, verändert seine Form, die Knorpelfortsätze verschwinden zugunsten normaler Augen am Schädel. Die Zähne wuchern. Die Männchen verharren hingegen in einem larvenförmigen Stadium, verlieren nur ihre Stielaugen. Nach der Verwandlung verlassen die jungen Drachenfische das Plankton und treten ihr neues Leben in der Tiefsee an.

Aber welche Funktion haben die lang gestielten Augen? Eine bessere Sicht auf Beute? Mehr Licht? Immerhin sind die Fortsätze, bei einem fünf Millimeter langen Körper, eineinhalb Millimeter lang. Nicht maßlos, aber sehr sehr lang. Können diese eineinhalb Millimeter die Sicht wesentlich

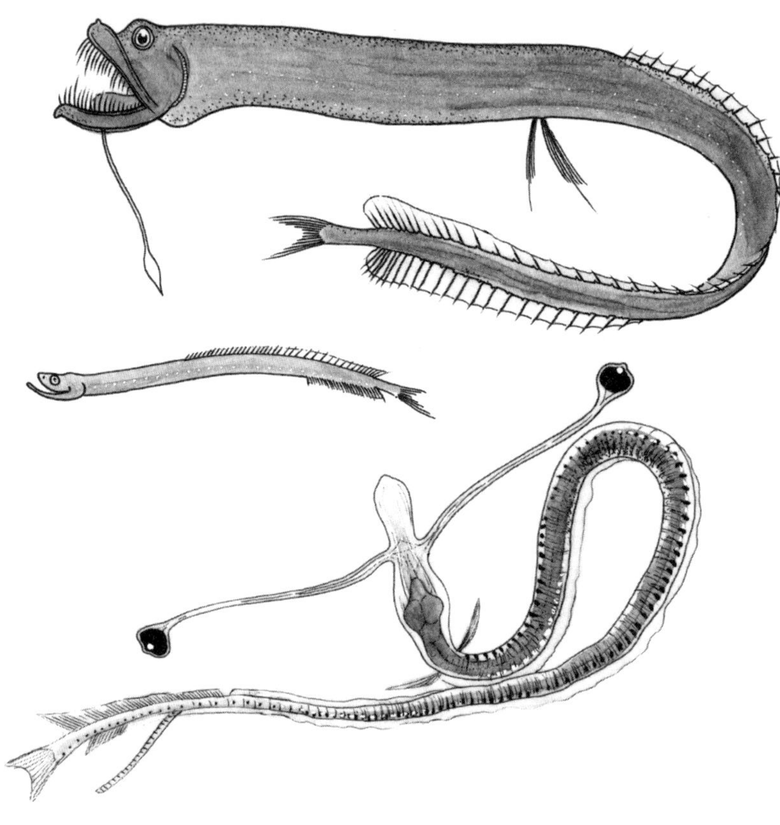

Abb. 11: Schwarzer Drachenfisch (*Idiacanthus atlanticus*): von oben adultes Weibchen, adultes Männchen und Larve (Larve nicht maßstabsgerecht). Gezeichnet nach *Ontogeny and Phylogeny* von Stephen Jay Gould.

verbessern? Und wenn ja, warum haben sie sich dann nur bei den drei Drachenfischarten entwickelt? In der vielfältigen Welt der Lebewesen oder der Biologie lässt sich offenbar nicht alles erklären, zumindest nicht mit unseren Sinnen und mentalen Kategorien. Wir können die Fische nur beobachten und bestaunen. Aber auch das ist wichtig. Nur wenn wir neugierig sind und staunen, strengen wir uns an, die Schönheit und unendliche Vielfalt des Lebens zu verstehen.

Die stacheligen Larven der Zwergzackenbarsche

Ähnlich bizarr und rätselhaft wie die Larven der Drachenfische sind die der Zwergzackenbarsche. Zu der Gattung gehören Fische wie Zackenbarsche, Seifenbarsche oder Mönchsfische. Insgesamt kennen wir ungefähr 30 Arten, allesamt klein und Bewohner der tropischen Meere. Manche werden gern als Aquariumsfische verkauft. Zwergzackenbarsche sind, typisch für Korallenfische, leuchtend bunt gefärbt, von Lavendel über Rosa bis Orange. Scheu und flink huschen sie, auf der Suche nach kleineren Fischen und Wirbellosen, zwischen Felsen und Korallen umher. Bei Gefahr verstecken sie sich blitzschnell. Einige Arten sind mit Sicherheit protogynische Zwitter, das heißt, sie tragen beide Geschlechter in sich und ihre weiblichen Geschlechtsmerkmale entwickeln sich vor den männlichen.

Obwohl in tropischen und subtropischen Meeren weitverbreitet, wissen wir über Ökologie und Fortpflanzungsverhalten der Zwergzackenbarsche wenig. Dabei sind ihre Larven besonders auffällig, denn aus der Rückenflosse ragen sehr lange Stacheln; bei manchen Arten ist der zweite und dritte

Stachel zehn Mal länger als die Larve selbst. Zudem besitzen beide Stacheln Ausbuchtungen, die Luftballons oder Flügelchen ähneln. Die winzigen Larven schleppen sie hinter sich her wie Konservendosen-Ketten, die man früher an Hochzeitsautos band. Diese Larve will sich offenbar nicht verstecken, sondern zeigen. Als wolle sie Jäger geradezu anlocken. Doch das würde dem Konzept der natürlichen Selektion widersprechen, Selbstmordabsichten in der Tierwelt sind bislang nicht bekannt. Was also ist die Aufgabe der überlangen Flossenstacheln? Hierzu gibt es viele Meinungen. Handelt es sich um Nachbildungen der endlos langen, giftigen Tentakel (Siphosome), mit denen Staatsquallen ihre Beute allein durch Berührung töten können? Die langen, bunten Stacheln wären dann eine Warnung: Achtung Lebensgefahr! Und reiner Bluff, denn in Wahrheit sind sie vollkommen harmlos. Oder sollen die Stacheln die Jäger von empfindlichen Körperteilen ablenken? Die Luftballonketten könnten auch kamelhöckerähnliche Energiespeicher sein. Oder potenzielle Jäger abschrecken, weil die Larve damit größer aussieht. So wie Seeigel mit aufgestellten Stacheln größer wirken, als sie sind. Manche halten sie auch für eine Art Segel, das den Verbreitungsradius der Larve vergrößert. Wie ein Flugdrache würde sie damit die Strömung ausnutzen, um schneller vorwärtszukommen.

Die scheinbar überflüssigen Stacheln verschwinden jedenfalls, wenn die Larve ihr Wanderleben im Plankton aufgibt und in der Tiefe ihr winziges Territorium absteckt. Nun entwickelt sie sich zu einem typisch gefärbten und geformten Korallenfischchen. Auch hier wirkt die natürliche Selektion unabhängig auf Larve und adultes Tier. Gut vorstellbar, dass die Rückenflossenstacheln anfangs nicht so groß und überproportioniert waren, aber nützlich und darum immer länger wurden. Bis sich mit der Zeit ein optimales Gleichgewicht aus Vor- und Nachteilen einstellte. Welchen Zweck die Flossenstacheln auch immer erfüllen, mit einem Meter Länge böten sie einer zentimeterlangen Larve wohl genauso wenige Vorteile wie zu kurze, unauffällige Stacheln. Größe und Form werden durch natürliche Selektion so lange austariert, bis ein stabiles Gleichgewicht erreicht ist. Doch dies gilt nicht genauso für das adulte Tier. Es muss klein und flink sein, um sich vor Räubern blitzschnell zu verstecken. Statt einer langen Rückenflosse braucht es einen kompakten, wendigen Körper. Ein und dasselbe Tier ist also zwei unterschiedlichen Selektionsdrücken unterworfen. Und vielleicht ist genau das das Wesen der Metamorphose.

Der Fisch in der Seegurke

Wenn man Sie nach dem unwirtlichsten Ort auf Erden fragte, würden Sie wahrscheinlich die Wüste, die Polkappen oder eine besonders versmogte, gefährliche Großstadt nennen. Aber es geht noch schlimmer. Der Lebensmittelpunkt des kleinen *Carapus acus* ist der After der Seegurke. Der im Mittelmeer vorkommende Nadelfisch nutzt eine frei verfügbare Nahrungsquelle: die inneren Organe der Seegurke. Frei nach dem Motto „In der Natur wird nichts verschwendet". Typisch Parasit, lebt der Nadel- oder Eingeweidefisch auf Kosten des Wirts, ohne etwas zurückzugeben. Ein Schnorrer, wie er leibt und lebt. Da die Seegurke ihre Eingeweide bei Gefahr herausschleudert, wird sie ihren ungebetenen Untermieter manchmal wieder los. Den Nadelfisch bringt das nicht in Verlegenheit, er kann gut und gern auch anderes fressen. Das tut er sowieso. Nachts verlässt er den Wirtsafter, um Wirbellose, kleine Fische oder sogar Artgenossen zu fressen. Der Schnorrer ist auch Kannibale.

Aber uns interessiert hier weniger das seltsame Leben des Nadelfischs, sondern sein besonderer Entwicklungsweg. Nach der Paarung legt das Weibchen große Laichklumpen ab, die schließlich, mit anderen Eiern, Larven, Mikroorganismen, Algen usw., im Plankton an der Wasseroberfläche treiben. So kann der zehn Zentimeter lange Fisch, der sehr sesshaft im After der Seegurke lebt, seine Gene weit verbreiten und mit anderen mischen. Aus den Eiern schlüpfen lange, sehr dünne Larven, sogenannte Vexillifer-Larven, die am Rücken einen ähnlichen Fortsatz wie Zwergzackenbarschlarven besitzen. Ein Beispiel für ein und dasselbe Evolutionsergebnis bei nicht verwandten Arten. Die Vexillifer-Larve treibt weiter im Plankton, bis sie sich wandelt. Ihr „Segel" verschwindet, und ihre Körperlänge verdoppelt sich. Sie sieht jetzt aus wie ein dünner Aal mit winzigem Kopf. Eine durchgehende Flosse erscheint entlang des Körpers. Nun heißt sie Tenuis-Larve. Vermutlich dank chemischer Reize weiß sie, wie viele Planktonbewohner, wann und wo sie sich sinken lassen muss, um ihr Leben am Meeresgrund fortzusetzen. Dort sucht sie nach einer Seegurke und fädelt sich, kaum hat sie eine gefunden, in deren After. Kein Wunder, dass der Nadelfisch so dünn ist und das Segel verloren hat.

Die Tenuis-Larve macht dann eine Metamorphose durch. Ihre wie eine Spule geformten Wirbel werden weniger, kleiner und entkalken sich. Dafür entwickeln sie zwei lange Fortsätze, oben einen neuralen, unten einen hämalen. Jetzt sehen sie aus wie die Wirbel aller Wirbeltiere. Ein Teil des Gewebes zersetzt sich, die Schwanzwirbel verschwinden, die andern verknöchern, samt Fortsätzen, erneut. Der Nadelfisch ist nun nur noch halb so lang wie die Tenuis-Larve, von 20 bis unter zehn Zentimeter. Die arme Seegurke dürfte erleichtert sein. Da der Nadelfisch durchsichtig ist, kann man seine Wirbel sehen. Und noch eine Auffälligkeit: Der After des Nadelfischs befindet sich unter den Brustflossen, quasi unter dem Kopf. In seinem nun adulten Leben ernährt er sich von den Keimdrüsen und anderen inneren Organen der Seegurke. Kehrt er von seinen nächtlichen Raubzügen zurück, begibt er sich im Rückwärtsgang, nadeldünner Schwanz, lanzenförmiger Körper, Kopf, in die heimatlichen Eingeweide zurück.

Transsexuelle Fische

Wie wir mittlerweile erfahren haben, gibt es in der Tierwelt kaum Gewissheiten. Selbst was offensichtlich und selbstverständlich scheint, ist es oft keineswegs. Das Geschlecht macht da keine Ausnahme. Bei vielen Arten ist die Einteilung in männlich und weiblich nämlich nicht so klar, wie man denkt. Hermaphroditismus oder Zwittertum etwa, also das gleichzeitige Vorhandensein von männlichen und weiblichen Keimdrüsen, ist in der Tierwelt weitverbreitet. Schnecken, Regenwürmer und viele andere Wirbellose zu Wasser und zu Lande sind Zwitter; bei ihnen paart sich der jeweils weibliche mit dem männlichen Teil des Gegenübers. Hermaphroditismus erweist sich meist als nützlich, wenn Tiere eher vereinzelt leben. Dann nutzt man die seltenen Gelegenheiten zur Paarung besser, als darauf zu hoffen, dem passenden Sexualpartner zu begegnen. Auch sesshafte Tiere, die sich nicht fortbewegen können, optimieren ihr Fortpflanzungspotenzial durch Zwittertum. In

Extremfällen hilft aber auch die Selbstbefruchtung. So begnügt sich der einzelgängerische Schweinebandwurm (*Taenia solium*) mit sich selbst. Wenn er allerdings in den Eingeweiden, in denen er parasitär lebt, einem Artgenossen begegnet, befruchten sich beide mit Freuden gegenseitig. Auch bei Fischen gibt es Simultanzwitter, bei denen also männliche und weibliche Geschlechtsorgane gleichzeitig vorhanden sind. Etwa die Sägebarsche, zu denen der in Italien häufige Schriftbarsch (*Serranus scriba*) gehört. Zur Fortpflanzung legen beide Partner einen Laich am felsigen Meeresgrund ab und befruchten jeweils den des anderen. Im Gegensatz zur Selbstbefruchtung wird dadurch die genetische Vielfalt sichergestellt. Auch der in Amerika beheimatete Gürtel-Sandfisch (*Serranellus subligarius*), ein anderer Sägefisch, verhält sich wie Schnecken und Regenwürmer: Zur Fortpflanzung werden jeweils die Eier des einen vom Sperma des anderen befruchtet.

Austern besitzen ebenfalls männliche und weibliche Keimdrüsen, aber sie sind nicht gleichzeitig funktionstüchtig, sondern werden im Laufe eines Austernlebens mehrfach aktiviert und deaktiviert. Austern sind also abwechselnd männlich und weiblich, sogenannte Konsekutivzwitter. Auch bei Fischen findet sich das häufig. Man könnte das als eine Art Metamorphose bezeichnen, die jedoch nicht die Entwicklung betrifft. Die adulten Fische wechseln das Geschlecht. Dabei kann ein Fisch als Weibchen zur Welt kommen und zum Männchen werden oder umgekehrt. Im ersten Fall spricht man von Proterogynie, im zweiten von Proterandrie. Aber welchen Vorteil hat das? Und wie verwandelt sich ein Männchen in ein Weibchen und umgekehrt? Die Keimdrüsen entwickeln sich ganz normal, doch neben „aktiven“ Keimdrüsen (Eierstöcke oder Testikel/Hoden) gibt es, in der Zwitterdrüse (*ovotestis)*, latente Keimdrüsen des anderen Geschlechts. Durch bestimmte physiologische Bedingungen wie hormonelle Reize wird das reproduktive Glücksrad in Gang gesetzt. Ein Männchen kann jederzeit zum Weibchen werden und umgekehrt.

Viele Fische mit Proterandrie und Proterogynie kennen wir gut, wenn vielleicht auch nur aus dem Fischgeschäft. Zackenbarsche (Ordnung Barschartige) etwa sind alle zuerst Weibchen und wechseln mit circa zehn Jahren, mit einer gewissen Größe, das Geschlecht. Sie sterben alle als Männchen. Dasselbe gilt für Rotbrasse (*Pagellus erythrinus*) und Schnauzenbrassen (*Spicara maena*, *Spicara smaris*). Die Goldbrasse (*Sparus aurata*) hingegen ist zunächst Männchen und wird mit zwei Jahren zum Weibchen. Auch der wunderschöne Meerpfau (*Thalassoma pavo*) aus der Familie der Lippfische und einige ähnliche Arten wechseln das Geschlecht: Bis zur Länge von 20 Zentimetern sind sie Weibchen, dann werden sie zu Männchen. Anders als Goldbrasse und Rotbrasse kennen diese bunten Fische zudem einen eindeutigen sexuellen Dimorphismus: Die Männchen sind blaugrün mit rotorangem, häufig blau gesäumtem Querband, die Weibchen rot-violett mit hellem Bauch und blauen Querbändern. Beim Meerjunker (*Coris julis*) sind Männchen und Weibchen so unterschiedlich, dass sie zunächst sogar als zwei Arten beschrieben wurden. Mit dem Geschlechtswechsel geht bei diesen Arten ein umfassender Farbwechsel einher. Manchmal sieht man auch Meerjunker mit Zwischenfärbungen: Sie befinden sich gerade in der Verwandlungsphase, an deren Ende sie entweder Männchen oder Weibchen sein werden.

Aber warum so viel sexuelle Verwirrung? Wie so oft gibt es hierfür nicht eine Ursache, sondern mehrere. Bei den Meerjunkern etwa verteidigen die Männchen ihr Territorium und einen Harem. Es ist daher von Vorteil, dass sie größer als die Weibchen und eindeutig von diesen zu unterscheiden sind. Das kann den ausgeprägten sexuellen Dimorphismus erklären, aber auch, dass alle Exemplare ab einer bestimmten Größe zu Männchen werden. Es ist „sinnvoll", dass jüngere Tiere Weibchen, ältere, größere aber Männchen sind, und das wird durch den Geschlechtswechsel erreicht. Aber was passiert, wenn das Männchen stirbt? Dann verwandelt sich das älteste, größte Weibchen in ein Männchen und übernimmt die dominante Position. Und wenn zu viele Weibchen im Harem sind? Dann verwandeln sich die größten Weibchen in Männchen, erobern neue Territorien und scharen einen Harem um sich.

Bei den Zackenbarschen, die bis zu zwei Meter lang und drei Doppelzentner schwer werden, verteidigen die Männchen ebenfalls Territorium und Harem. Auch hier sind die kleinen Exemplare Weibchen und verwandeln sich ab einer bestimmten Größe in Männchen. Bei territorialen Fischen mit Harem produziert ein großes Männchen ausreichend Sperma, um alle Weibchen im Harem befruchten zu können. Die Weibchen legen hingegen relativ kleine Laiche ab, was durch die große Zahl ausgeglichen wird. Ein optimales Gleichgewicht also zwischen Energieaufwand und Reproduktionsfähigkeit. In einem begrenzten Territorium mit vielen Tieren muss man zudem mit den Nahrungsressourcen haushalten. Solange die Weibchen klein sind, können sie im Territorium bleiben, ab einer bestimmten Größe ist es jedoch vorteilhafter, sich als Männchen ein eigenes zu suchen.

Für nicht territoriale Fische trifft das alles nicht zu. Hier befruchten besser kleine Männchen größere Weibchen, die größere Laiche ablegen. Denn auch kleine Männchen können reichlich Sperma produzieren. Männchen, die kein Revier verteidigen müssen, können ruhig klein sein und ihre Energien anders einsetzen. Die Weibchen müssen hingegen die aufwendige Laichproduktion bewältigen, und die Größe ist hier ein entscheidender Faktor. Bei diesen Arten gebietet die optimale Kosten-Nutzen-Rechnung, dass die Weibchen größer sind als die Männchen. Darum verwandeln sich hier die älteren Tiere in Weibchen.

Sogar Travestie findet sich bei Fischen. Die Männchen des Lippfischs *Crenilabrus melops* graben ein Nest in den Sand, bewachen es und tanzen, um trächtige Weibchen anzulocken. „Schaut her, wie schön ich bin, wie gut mein Nest ist. Ich wäre ein optimaler Vater für eure Nachkommen", lautet ihre getanzte Botschaft wohl. Wenn Weibchen auf seine Lockungen eingehen und nach und nach in seinem Nest laichen, beginnt für das Männchen eine stressige, energieraubende Zeit: Es muss das Nest vor potenziellen Räubern schützen und gleichzeitig die Laiche pflegen. Ungefähr 20 Prozent der Männchen greifen allerdings zur energiesparenden Mimikry und verwandeln sich in Weibchen. Aber alles nur Show. Weil sich ihre Testikel vergrößern, quillt ihr Bauch auf, als wären sie eiertragende Weibchen. Wenn ein anderes Männchen auf sie hereinfällt und sie zu seinem Nest lockt, laichen sie nicht, sondern befruchten noch vor dem rechtmäßigen Besitzer die wartenden Laiche. Die als Weibchen getarnten Männchen nehmen eine energiesparende Abkürzung zur Fortpflanzung.

Wandelbares Geschlecht

Um auf die Auster zurückzukommen: Wenn die Nahrungslage gut ist und sie sich einen hohen Energieaufwand leisten kann, ist sie weiblich; in mageren Jahren oder wenn sie noch zu klein ist, um genügend Eier zu produzieren, männlich. Der Geschlechtswechsel setzt eine anatomische Besonderheit voraus: die Zwitterdrüse. Zudem darf das Geschlecht nicht wie bei Säugetieren schon mit der Befruchtung festgelegt sein oder muss zumindest widerrufbar sein. Bei den Reptilien wiederum hängt das Geschlecht nicht von den Genen, sondern von der Umgebungstemperatur ab, in der die Eier sich nach der Ablage entwickeln. Das Geschlecht ändert sich im Laufe ihres Lebens zwar nicht, aber auch an diesem Beispiel wird deutlich, dass das Merkmal Geschlecht wesentlich flexibler ist als allgemein angenommen.

Geschlechtswechsel können auch künstlich hervorgerufen werden. Entfernt man etwa bei Kröten die Testikel, entwickeln sich sehr schnell voll funktionsfähige Eierstöcke. Die Männchen verwandeln sich in fortpflanzungsfähige Weibchen. Dabei entstehen die Eierstöcke aus dem sogenannten Bidderschen Organ. Verletzungen, Krankheiten oder Parasiten können in der Natur zur Schädigung der Testikel führen und die Zeugungsfähigkeit der Kröten beeinträchtigen. Aber keine Bange. Das Biddersche Organ aktiviert einen Eierstock, das Männchen wird zum Weibchen und trägt weiter zum Erhalt der Art bei.

Dasselbe kann man bei Hühnern beobachten, nur umgekehrt: Entfernt man bei einem Huhn den linken Eierstock, verwandelt es sich schon bald in einen Hahn, samt Kamm und Lappen. Manchmal auch ganz ohne operativen Eingriff.

Im Alter verlieren Hühner, falls sie nicht vorher im Kochtopf landen, die Fähigkeit zum Eierlegen, der linke Eierstock schrumpft, produziert keine Eier mehr und hindert den rechten Eierstock nicht mehr daran, sich in einen Hoden zu verwandeln. Die Hormone, die dieser Hoden ausschüttet, verwandeln das Huhn in einen Hahn. Allerdings ist der Hahn, anders als die Kröten, nicht fortpflanzungsfähig. Wozu also das Ganze? Eine Verteidigungsstrategie? Hühner sind soziale Wesen, und Hähne, die wie Zackenbarsche und Meeresjunker Territorium und Harem verteidigen, besonders groß und auffällig. Das macht sie zur bevorzugten Beute. In der Gruppenlogik könnte ein nicht mehr reproduktionsfähiges Huhn, das wie ein Hahn aussieht, Jäger anlocken und den Druck auf den Rest der Gruppe verringern, es würde sich also für die Gemeinschaft opfern. Ich weiß nicht, ob diese Interpretation zutrifft. Aber viele Wirbeltiere besitzen eine Zwitterdrüse, was darauf hindeutet, dass eine zweite Option evolutionär von Vorteil ist. Der Geschlechtswechsel, den wir hier nur an wenigen Beispielen illustriert haben, findet sich im Tierreich häufig. Er entwickelte sich zudem unabhängig voneinander in mehreren Tiergruppen. Auch das zeigt uns, dass Leben endloser Wandel ist.

Teil IV
Wirbellose Landtiere

Früher Morgen, Ende Mai. Die Sonne ist noch nicht aufgegangen, doch der Himmel schon zartrosa gefärbt. In einem Teich krallt sich ein braunes, borstiges und schlammverschmiertes Insekt an einen Binsenhalm, der aus dem Wasser ragt, und krabbelt langsam, aber entschlossen in die bläuliche Luft. Es ist nur wenige Zentimeter lang, mit zwei winzigen konischen Augen. Als es die Mitte des Halms erreicht hat, hält es inne. Lange Minuten sitzt es reglos da, während sich der Himmel weiter aufhellt. Plötzlich bläht es sich auf, ein Riss entsteht, Rücken und Kopf entlang, zwischen den Augen. Unaufhaltsam quillt etwas Gelbes hervor und nimmt langsam Form an. Ein Kopf, mit zwei riesigen braunen Augen. Der Rumpf mit vier knittrigen, transparenten Blättchen, die sich wie Mohnblüten öffnen. Aus dem braunen Insekt, das vor zehn Minuten aus dem Wasser kam, windet sich rätselhafter Weise ein drei Mal so großes, oranges Insekt und entfaltet sich. Sechs lange schwarze Beine zappeln in der Luft. Eine Pause, dann schnellt der Körper zurück und nach unten: ein langer Hinterleib erscheint.

Das neue Insekt verharrt einige Minuten kopfüber, nur die verborgene Hinterleibsspitze ist noch mit dem Überrest der braunen Hülle verbunden. Es krümmt sich aufwärts, die schwarzen Beine suchen, umfassen den Binsenhalm, klammern sich etwas weiter oben fest. Jetzt windet sich der orange Hinterleib endgültig heraus, pulsiert, streckt sich. Die vier zerknitterten Blättchen entfalten sich zu vier großen glänzenden Flügeln mit verwirrenden schwarzen Rippen. An den Flügelansätzen ein schwarzer Fleck. Im ersten Sonnenlicht glitzern die Flügel wie Glas. Das neugeborene Insekt pulsiert, wird länger, größer, entfernt sich ein wenig von der leeren, trockenen Hülle, die, ein wenig schief am Halm, vom alten Insekt übriggeblieben ist. Aus dem Riss am Rücken ragen dünne, weiße, geringelte Fäden, die Luftröhren, durch die es geatmet hat. Das Insekt, das dem Wasser entstieg, gibt es nicht mehr. Ein wenig weiter oben am Halm zittern vier Flügel im Morgenwind. Das orange Insekt rührt sich nicht, es lässt sich in der Sonne trocknen. Es muss sich beeilen, die Flügel entfalten, ehe sie zerknittert trocknen. Es muss losfliegen, ehe es so zart und schutzlos von Ameisen oder Fröschen entdeckt und verspeist wird. Noch immer flattert es glänzend im Wind, doch dann ein Zittern, es fliegt, noch unsicher, auf. Eine Libelle. Ein männliches Tier, am Hinterleibsansatz ist etwas Schwarzes zu erkennen. Jetzt lässt sich auch die Art bestimmen: ein Spitzenfleck (*Libellula fulva).* Die Libelle wird nur wenige Wochen leben, wenn überhaupt. Ihr Vorläufer, das braune Insekt, war hingegen bereits im Vorjahr aus dem Ei geschlüpft, hat im Teich Insekten und Kaulquappen gefressen und sich mehrfach, immer größer werdend, gehäutet. Bei der letzten Häutung befahl ihm dann eine innere Stimme, auf den Halm zu klettern. Die letzte Häutung war anders als die anderen.

Einige Tage wird sich die Libelle noch weiterentwickeln, ihre Färbung komplett ändern, robuste, elastische Flügel bekommen. Dann wird sie ausgezeichnet fliegen, Insekten fangen und fressen und zur Fortpflanzung in den Teich zurückkehren. Die Weibchen werden winzige Eier ablegen. Eine neue Generation wird heranwachsen, im Frühjahr auf einen Binsenhalm krabbeln und erneut das Wunder der Verwandlung vollbringen.

Die Fangmaske der Libellen

Libellen (*Odonata*) sind amphibische Insekten mit zwei Leben: Als Jungtiere leben sie im Wasser, als adulte Tiere fliegen sie. Umso erstaunlicher, dass die rund 6000 Libellenarten als sogenannte hemimetabole Insekten nur eine unvollständige Metamorphose durchmachen. Die Libellennymphe (Larve sagt man nur bei Insekten mit vollständiger Metamorphose) ist ein Wasserinsekt, das meist braun ist, je nach Umgebung bei manchen Arten aber auch schwarz oder grün sein kann und bei Arten, die am Grund leben, voll Schlamm und Sediment ist. Wir kennen zwei Typen: Die einen sehen furchterregend aus, kräftig, massig, oft stachelig oder behaart oder beides. Die anderen sind dünn und lang, ohne Borsten und Stacheln, besitzen dafür aber am Hinterleibsende drei große, blattförmige Tracheenkiemen.

Die beiden Typen entsprechen den beiden Unterordnungen Groß- und Kleinlibellen. Großlibellen mit ihren furchterregenden Nymphen sind die prächtigen, schnell und lärmend fliegenden Libellen; Kleinlibellen fliegen langsamer, ihr Hinterleib ist länger und sehr dünn. Eigentlich gibt es noch eine dritte Unterordnung, die Urlibellen, mit wenigen Arten und mittleren Eigenschaften, aber man rückt sie heute in die Nähe der Großlibellen, denen sie, abgesehen von den Flügeln, ähnlicher sind. Bei den Großlibellen ist das zweite Flügelpaar größer und bleibt im Ruhezustand geöffnet. Klein- und

Urlibellen besitzen dagegen vier dünne, fast identische, meist gestielte Flügel, die sie beim Schließen wie Buchseiten übereinanderlegen. Aber es gibt noch weitere Unterschiede zwischen Groß- und Kleinlibellen: Adulte Großlibellen haben einen halbkugelförmigen Kopf mit raumgreifenden Facettenaugen, in dem verbleibenden freien Dreieck sitzen zwei kleine Fühler und drei einfache Augen. Fast immer berühren sich die Facettenaugen entlang einer Linie, die vom Hals bis zur Stirn reicht. Kleinlibellen haben hingegen einen hammerförmigen Kopf mit zwei auseinanderstehenden, seitlichen Facettenaugen. Bei den Kleinlibellennymphen sind die drei blattförmigen Kiemen von einem dichten Tracheennetz durchzogen, das im Wasser den Luftaustausch sicherstellt. Viele Arten können zudem wie Fische schwimmen, die Tracheen fungieren dann als perfekte Schwanzflossen. Die Großlibellennymphen haben keine Kiemen und nehmen Wasser über ein spezielles Gewebe im Enddarm auf. Zur Fortbewegung pumpen sie, wie winzige U-Boote, energisch Wasser aus dem Enddarm. Kurzum, man kommt beim Anblick einer prächtigen blauen, türkisen, leuchtendorangen oder schwarz-gelben Libelle wohl kaum auf die Idee, es könnte sich um dasselbe Tier handeln wie bei der braunen, im Wasser lebenden Nymphe.

Schaut man näher hin, fällt noch etwas auf: Sowohl Nymphen als auch adulte Insekten jagen, was immer ihnen vor die Augen kommt und die passende Größe hat. Adulte Libellen fangen im Flug Fliegen, Wespen, Bienen, Schmetterlinge und Blattläuse, große Libellenarten holen sogar Kaulquappen aus dem Wasser und verschmähen nicht mal Kleinlibellen. Die Nymphen lauern, am Grund oder zwischen Grün versteckt, auf vorbeischwimmende Wirbellose, Kaulquappen und Fischchen. Aber wie fangen sie die überhaupt? Auf seltsame Art.

Die Unterlippe der Nymphen, die sogenannte Fangmaske, funktioniert wie eine Mischung aus Unterwassergewehr und Greifarm. Der vordere Teil des Arms, der an einem beweglichen hinteren Teil sitzt, besteht aus einem langen, in der Regel konkaven „Tennisschläger" mit zwei beweglichen Fortsätzen, daran Dornen, Zähnchen und Haken. Im Ruhezustand liegt die Fangmaske dank eines Gelenks zusammengeklappt unter Kopf und Körper, zwischen den Beinen. Nur die Fortsätze schauen heraus und bedecken, die Zähne eingeklappt, Mund und Gesicht bis zu den Augen. Sobald sich potenzielle Nahrung sehen lässt, klappt das Gelenk explosionsartig auf, die Fangmaske schnellt hervor, Zähne, Dornen und Haken versenken sich in die Beute. Sofort klappt das Gelenk wieder zu, die Fangmaske fährt zurück, die Beute wird zum Mund gezogen und mit den robusten Mundwerkzeugen verspeist. Die Fangmaske wird nicht durch Muskelkraft, sondern per Hydraulik betätigt: Die Nymphe pumpt Flüssigkeit hinein und lässt die Maske wie eine Feder aufschnellen. Blitzschnell. In 0,14 bis 0,25 Sekunden. Ehe die Beute den Jäger bemerkt, sitzt sie schon in der Falle. Doch nur die Nymphen verfügen über dieses Wunder der Natur, der Kauapparat der adulten Libellen ähnelt eher dem von Heuschrecken und Schmetterlingsraupen.

Doch wieso ist der Wandel vom jungen Wassertier mit Kiemen- oder Enddarmatmung und origineller Fangmaske zu einem Flügelwesen von völlig anderer Form, Größe und Ökologie keine echte Metamorphose? Aus mehreren Gründen. Erstens, weil das Zwischenstadium der Verpuppung fehlt. Die adulte Libelle entwickelt sich direkt und schnell aus der flügellosen Nymphe. Sie bildet sich schon vor der letzten Häutung, im letzten Stadium des Jungtiers scheint ihre Färbung schon durch. Zweitens: Weil die Nymphe schon Flügelanlagen hat, vier sichtbare Beutel am Rücken, die mit jeder Verwandlung größer werden. Drittens: Es findet keine echte Neustrukturierung von Gewebe und inneren Organen statt, wie bei der vollständigen Metamorphose, die adulte Libelle entwickelt sich nach und nach. Die letzte Umwandlung erfolgt bei den Libellen mit erstaunlicher Geschwindigkeit. Aus dem Wasser kriecht ein braunes Tierchen, und nur eine halbe Stunde später erhebt sich ein großes, buntes Fluginsekt in die Lüfte. Doch was nach Metamorphose aussieht, ist keine. In beiden Lebensphasen werden lediglich unterschiedliche evolutionäre Kräfte wirksam. Die Nymphen entwickeln Organe, mit denen sie im Wasser wachsen, fressen, atmen und sich vor Räubern schützen können. Die adulten Libellen müssen fliegen können, um zu fressen, ihre Gene zu verbreiten und neue Gebiete zu besiedeln. Auch die Körperfärbung spielt bei der Partnersuche eine wichtige Rolle. Die natürliche Selektion sorgt für das dazu Nötige und entsprechende Optimierungen. Unterschiedliche evolutionäre Kräfte haben zu unterschiedlichen jungen und adulten Tieren geführt, hier Kiemen und Fangmaske, dort Flügel. Einst ähnelten sich beide vermutlich mehr. Libellen sind sehr alte Insekten. Schon vor 300 Millionen Jahren, noch ehe die Dinosaurier auf der Erde erschienen, flogen sie durch die Luft. Wie Fossilien zeigen, sahen sie damals schon so ähnlich aus wie heute. Das System hat gut funktioniert, zu Wasser und in der Luft.

Und nun zur Paarung. Auch sie ist bei den Libellen einzigartig. Kehren wir zu dem Spitzenfleck zurück, den wir an jenem Maimorgen abheben sahen. Einige Tage sind vergangen, um den Teich fliegen mittlerweile Libellen jeder Größe und Farbe. Unser Spitzenfleck ist nun dunkelblau-violett, mit robusten Flügeln, die nicht mehr ganz so schön glänzen, aber noch unbeschädigt sind. Das Männchen fliegt fast ununterbrochen am Teichufer auf und ab, auf der Suche nach Schmetterlingen und anderen Insekten. Ab und an begegnet es einem Männchen seiner oder einer anderen Art, verfolgt und verjagt es, im Kampf schlagen ihre Flügel laut gegeneinander. Die beiden Duellanten entfernen sich, ineinander verhakt, aber unser Männchen kehrt jedes Mal in sein Territorium zurück, fliegt weiter auf und ab.

Ein Weibchen erscheint am Teich, genauso groß, aber orange, ähnlich wie unser Männchen ganz am Anfang. Das Männchen fliegt auf es zu, scheint es verjagen zu wollen, doch dann folgt etwas anderes: Das Männchen hat das Weibchen „eingefangen", die beiden fliegen gemeinsam weiter, das Männchen voraus. Mit seinen Zangen am Hinterleibsende hält es das Weibchen am „Hals" fest. Dieses lässt sich forttragen, mit eingeknickten Beinen, den langen Hinterleib nach unten gebogen. Die beiden befinden sich in der Tandemstellung, fliegen noch eine Weile weiter, dann setzt sich das Männchen, ein paar Meter vom Teich entfernt, auf einen Weidenast und verbleibt so einige Minuten, ohne das Weibchen loszulassen. Das Weibchen krümmt den Hinterleib nach vorn und oben und vereinigt sich so mit dem Männchen. Seine Hinterleibsspitze berührt den Ansatz des männlichen Hinterleibs, es entsteht ein Kreis, das berühmte Paarungsrad der Libellen, auch „Paarungsherz" genannt. Das ist die eigentliche Paarung. Die Geschlechtsöffnung des Weibchens am zehnten seiner elf Hinterleibssegmente berührt den Kopulationsapparat des Männchens am zweiten Hinterleibssegment, direkt hinter den Beinen. Der männliche Penis besteht aus beweglichen Teilen, die bei jeder Art perfekt in die weibliche Geschlechtsöffnung passen. Fängt das Männchen ein Weibchen einer fremden Art, scheitert die Paarung und das Tandem löst sich auf. Man nennt das Schlüssel-Schloss-Prinzip. Das Libellenpaar rührt sich nicht vom Fleck, der Hinterleib des Weibchens pulsiert und kontrahiert. Die Libellen sind meines Wissens das einzige Tier, bei dem die Testikel nicht am Kopulationsorgan sitzen. Zudem gibt es keine Kanäle zur Weiterbeförderung der Spermien. Das Männchen muss darum seinen Hinterleib vor dem Paarungsakt nach unten und vorn krümmen, damit die Genitalöffnung den Penis berührt. Wie mit einem Jagdgewehr werden die Spermienpakete dann von den Testikeln zum Penis geschleudert. Erst jetzt kann das Männchen ein Weibchen einfangen. Ist das Weibchen bereits befruchtet, hat aber noch keine Eier abgelegt, kann das Männchen die fremden Samenpakete mit Haken am Penis entfernen und sie durch eigene ersetzen.

Je nach Art kann die Paarung von wenigen Sekunden bis zu mehreren Stunden dauern. Danach begleitet das Männchen das Weibchen zum Teich; manche Arten halten es weiter am Hals, andere lassen es frei, aber auf jeden Fall verteidigen sie es gegen Räuber und andere Männchen, die „ihr" Weibchen entführen und begatten wollen. Seitensprünge sind bei Libellen schwierig. Unser blauer Spitzenfleck lässt das Weibchen frei, bleibt aber in der Nähe. Das orangefarbene Weibchen nähert sich umgehend dem Wasser und lässt einige Eier mit schnellen Bewegungen der Hinterleibsspitze in den Teich fallen. Dann fliegt es, unter den wachsamen Augen des Männchens, ein paar Meter weiter und wiederholt das Ganze. Am Ende hat es zighundert Eier abgelegt und entfernt sich vom Wasser, damit weitere Eier heranreifen. Am nächsten Tag kehrt es – paarungsbereit – zum Teich zurück. Das Männ-

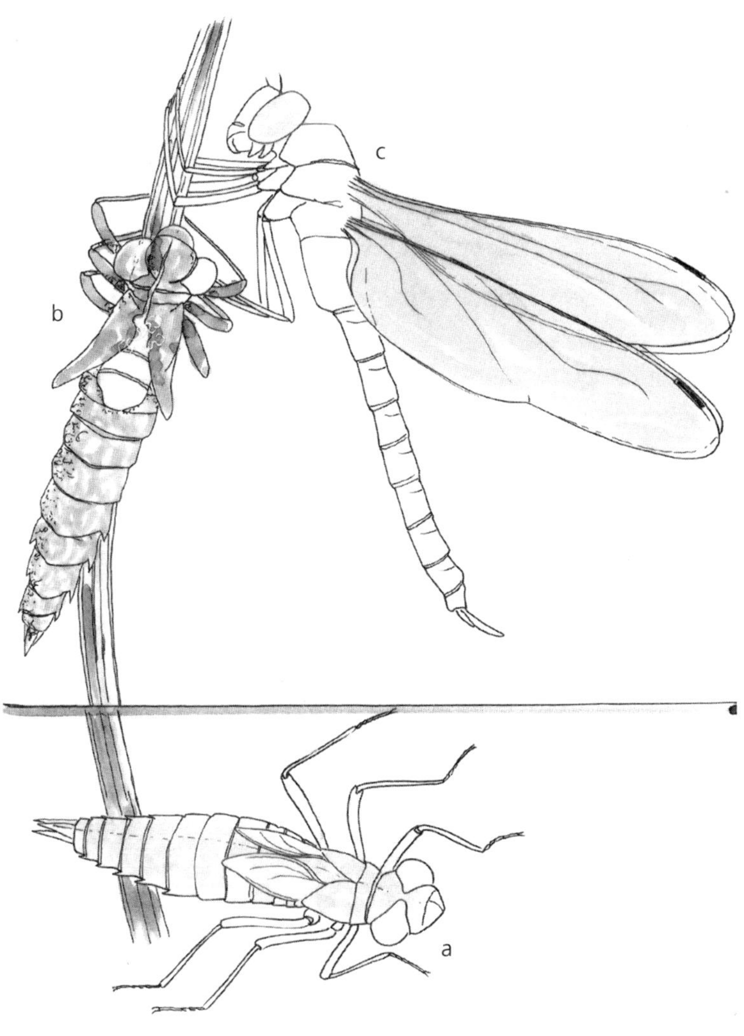

Abb. 12: Libellen. Lebenszyklus einer Libelle der Gattung *Anax*: a. Nymphe, b. Hülle, c. junges adultes Insekt.

chen hingegen patrouilliert umgehend wieder in seinem Revier, lädt Spermien in den Penis und wartet auf neue Weibchen. Andere Libellenarten legen ihre Eier mithilfe eines Legebohrers in Pflanzenstängeln im Wasser ab, wieder andere in das weiche Holz von Ästen, etwa von Weiden, die über dem Wasser hängen. Wenn im folgenden Frühjahr die Prolarven schlüpfen, fallen sie ins Wasser, verwandeln sich sofort in Larven ohne Flügelanlagen und dann in Nymphen mit sichtbaren Flügelanlagen.

Libellen leben ziemlich lange. Manche Nymphen werden erst nach Jahren zur adulten Libelle, und diese kann mehrere Wochen oder gar Monate herumfliegen. Nur wenige Arten, etwa im mediterranen Raum, überwintern und paaren sich erst im folgenden Frühjahr. Und die anderen?

Es ist Oktober. Am Teich ist es ruhig. Nur noch wenige Libellen fliegen mit trüben, zerfetzten Flügeln über Teich und Wiesen. Selbst ein paar Tandems sind noch zu sehen. In ein paar Wochen werden die schönen Insekten verschwunden sein. Doch im Wasser, am Grund, an Pflanzen und im Schlamm, warten zigtausend Eier auf das Frühjahr. Einige kleine Nymphen, die schon im Herbst oder Anfang des Sommers geschlüpft sind, hoffen auf steigende Temperaturen und reichlichere Beute, um sich zu verwandeln und zu wachsen. Wer es bis zum Mai schafft, sucht sich einen Halm, krabbelt daran hoch und gibt schließlich das große bunte Insekt frei, das sich in seinem Inneren verbirgt.

Ein flüchtiges Leben

Der Name des Insekts sagt alles: Eintagsfliege. *Ephemeroptera* leben mit 3000 Arten in jedem Winkel der Welt. In puncto Flügel, Alter der Ordnung und Lebenszyklus ähneln sie Libellen. Aber sie sind dünn, zart, von ein paar Millimetern bis einige Zentimeter groß, normalerweise unauffällig und ungeschickt im Fliegen. Auch wenn sie vier Flügel besitzen, ist das zweite Paar so winzig, dass es aussieht, als hätten sie nur zwei. Ihr Hinterleib endet mit zwei oder drei fadenförmigen Fortsätzen, ähnlich Flugdrachenschwänzen. Auch Eintagsfliegen sind, wie die Libellen, amphibische Insekten mit unvollständiger Metamorphose. Sie leben an stehenden oder fließenden Süßgewässern, wo sie Algen und Wasserpflanzen fressen. Einige Arten jagen die Larven anderer Wasserinsekten und wieder andere ernähren sich von toten oder zerfallenden organischen Stoffen.

Die Nymphen der Eintagsfliege reagieren sehr empfindlich auf Umweltverschmutzung. Ihre An- oder Abwesenheit sowie ihre Zahl sind daher ein guter Gradmesser für die Wasserqualität von Bächen und Flüssen. Der Grund ist ganz einfach: Sie brauchen den Sauerstoff im Wasser zum Atmen. Dafür sitzen außen an ihren Hinterleibssegmenten paarweise blattförmige Tracheenkiemen. Der Sauerstoff verteilt sich in den Kiemenkammern und erreicht über ein dichtes Tracheennetz Gewebe und Zellen. Doch dieses Prinzip ist wenig effizient. Darum muss das Wasser sehr sauerstoffhaltig sein. Eintagsfliegen verfügen nicht über Hämoglobin oder andere Stoffe, die Sauerstoff leicht binden. Der Austausch erfolgt allein passiv durch Diffusion. Bei niedrigem Sauerstoffgehalt des Wassers können Eintagsfliegen deshalb nicht überleben. Und ein sinkender

Sauerstoffgehalt ist das erste Anzeichen für Wasserverschmutzung. Bei organischen Verschmutzungen etwa durch Abwässer oxidieren die Bakterien organische Partikel, von denen sie sich ernähren, und entziehen dem Wasser dadurch Sauerstoff. Bei Kohlenwasserstoffverschmutzungen etwa durch Benzin bildet sich ein Oberflächenfilm, der den Sauerstoffaustausch zwischen Luft und Wasser verhindert. Das Ergebnis ist dasselbe. An Gebirgsflüssen, frischen, sauberen Bächen oder großen, relativ sauberen Flüssen gibt es viele Eintagsfliegen, aber auch an Tränken, Gräben und Kanälen. An Teichen und Tümpeln findet man insbesondere Arten, die auch mit weniger sauerstoffhaltigem Wasser auskommen. Diese gelten dann natürlich nicht als Indikatoren für Wasserqualität.

Nach einem Zeitraum, der je nach Art und Umweltbedingungen bis zu zwei Jahren dauern kann, macht die Nymphe der Eintagsfliege eine völlig neue Häutung durch. Sie wird nicht nur größer und ihre Flügelanlagen entwickeln sich weiter, sie nähert sich der Oberfläche und kommt mit großen transparenten, dicht geäderten Flügeln, aber ohne Kiemen aus dem Wasser. Das Fluginsekt verharrt noch eine Weile auf der schwimmenden Hülle, die es einmal war, und fliegt schließlich davon. Bei manchen Arten erklimmt die Nymphe einen Halm und häutet sich dort wie eine Libelle. Bei anderen bleibt sie im Wasser, schwimmt schon als neues Wesen an die Wasseroberfläche und hebt ab.

Ab nun beginnt ein in jeder Hinsicht neues Leben. Die junge Eintagsfliege flattert ein wenig herum, auf der Suche nach einem trockenen, stabilen und geschützten Platz: einem Felsen oder Baumstamm, einer Mauer. Dort verweilt sie ein paar Minuten oder auch Stunden und häutet sich ein letztes Mal. Das unauffällige Insekt, das dabei zum Vorschein kommt,

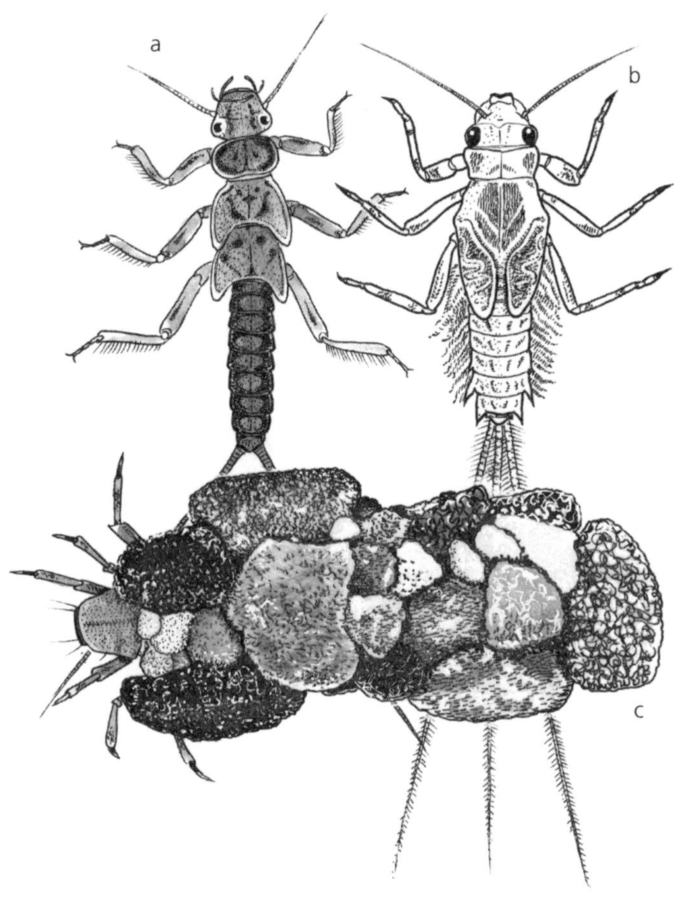

Abb. 13: Amphibische Insekten: a. Nymphe der Steinfliegen, b. Nymphe der Eintagsfliegen, c. Larve der Köcherfliege in ihrem Steinchenköcher.

sieht nicht viel anders aus als sein Vorläufer und ist doch noch immer nicht das adulte Insekt, die Imago, sondern erst die sogenannte Subimago. Es muss sich noch ein letztes Mal häuten: Tatsächlich sind Eintagsfliegen die einzigen Insekten, die sich schon beflügelt häuten. Nur wenn man genau hinschaut, erkennt man die Unterschiede zwischen Subimago und Imago: Die Imago ist kräftiger gefärbt, die Augen sind besser entwickelt, die Flügel glänzender und funktionstüchtiger als die der oft borstigen Subimago. Und da ist noch ein entscheidender, aber unsichtbarer Unterschied: Erst bei der Imago sind die Keimdrüsen entwickelt. Weder Subimago noch Imago nehmen Nahrung auf, dafür haben sie keine Zeit und das ist auch nicht ihre Aufgabe. Darum besitzen sie keine entwickelten Mundwerkzeuge. Fressen und Wachsen müssen die Nymphen im Wasser. Die adulten Tiere haben anderes zu tun.

Schließlich ist die Imago für ihr superkurzes Leben bereit. Dank Augen und glänzender Färbung kann sie Geschlecht und Arten auseinanderhalten. Die Imagines, deren Leben sich nach Minuten, höchstens Stunden bemisst, fliegen zum Wasser zurück, paaren sich, legen Eier ab und sterben umgehend. Ob Schmetterling oder Eintagsfliege, Imagines dienen im Wesentlichen der Fortpflanzung. Darum haben sie so große Augen, Fühler und Sexualorgane. Doch die Eintagsfliegen haben dieses Prinzip bis zum Äußersten ausgereizt. Während Schmetterlinge, Libellen oder Käfer Wochen, Monate oder manchmal sogar Jahre fliegen, fressen, ihr Revier verteidigen und sich mehrfach paaren, hat die Eintagsfliege nur ein Ziel und eine Chance, einen Partner zu finden, sich zu paaren und eine neue Generation hervorzubringen. Zwecks zeitlicher Optimierung, wie man heute sagen würde, häuten sich viele Eintagsfliegenarten synchron: Unversehens taucht eine Eintagsfliegenwolke derselben Art auf, Schwärme mit unzähligen Männchen und Weibchen suchen, finden und paaren sich. Die Weibchen sinken Richtung Wasser, legen Eier ab und sterben, so wie die Männchen. Bei manchen europäischen Arten passiert das im Mai. Darum heißt die Gemeine Eintagsfliege auch Maifliege.

Am Tag nach dem großen Schwärmen sind Wasser und Umgebung zighundert Meter weit mit einer grauen Patina aus Millionen von Eintagsfliegen überzogen. Ein Festschmaus für Spinnen, Fische, Frösche, Glühwürmchen, Schlangen, Vögel, Ameisen, Libellen und Wasserläufer, die sich bereits an den frisch geschlüpften zarten, langsamen Subimagines gütlich getan haben – und für Fliegenfischer, die mit Eintagsfliegen angeln. Die toten Eintagsfliegen kehren in den ewigen Kreislauf des Lebens zurück und schenken ihre Energie der Umgebung, die sie als Jungtiere genährt hat. Unter Wasser warten schon Milliarden Eier, damit der Kreislauf von Neuem beginnen kann.

Die Fortpflanzungsstrategie der Eintagsfliegen (r-Strategie) ist klar: In kürzestmöglicher Zeit und perfekt synchronisiert möglichst viele Exemplare und somit befruchtete Eier hervorzubringen und die Umgebung damit zu bombardieren. Also ziemlich genau das Gegenteil von dem, was viele Säugetiere oder die Vögel machen (K-Strategie), nämlich relativ wenige Nachkommen mit hohen Überlebenschancen zu produzieren. Auch wenn bei den r-Strategen die Sterblichkeit enorm ist, überleben dank der großen Zahl genügend Exemplare, um die aktuelle Generation zumindest zu ersetzen. Eine Strategie mit minimiertem Energieaufwand: Alles dient Wachsen, Wandel, nochmaligem Wandel, Fliegen und Paarung. Bis das Energiepaket die ausreichende Größe erreicht hat, dauert es lange, aber dann wird alles im Nu verbrannt. Ein Streichholz, entzündet an der Reibfläche der Evolution.

Das System funktioniert wunderbar: Die weltweit 3000 Eintagsfliegenarten aus 40 Familien und 400 Gattungen schwärmen und häuten sich seit 300 Millionen Jahren. Als Dinosaurier, Blütenpflanzen, die meisten anderen Insekten, die Wirbeltiere seit den Amphibien, die ersten Säugetiere, die Primaten und später der Mensch auf der Bildfläche erschienen, waren sie dabei. Und eine Ahnung sagt mir, dass sie uns überleben werden.

Es gibt einen berühmten Druck des deutschen Malers Albrecht Dürer vom Ende des 15. Jahrhunderts: *Die Heilige Familie mit der Eintagsfliege*. Unten rechts im Bild erkennt man ein kleines Insekt mit großen runden, durchscheinenden Flügeln, offenbar eine Eintagsfliege. Das Werk ist auch als *Die Heilige Familie mit der Libelle*, *Die Heilige Familie mit der Heuschrecke* und *Die Heilige Familie mit dem Schmetterling* bekannt. Mancher hat sogar eine Gottesanbeterin darin erkannt. Offenbar kann man sich nicht einigen. Und ganz offensichtlich kennt sich die Kunstkritik mit Insekten nicht besonders aus. Die letzte Hypothese lässt sich sofort ausschließen. Das geheimnisumwitterte abgebildete Insekt besitzt lange, fadenförmige Fühler und einen Saugrüssel. Nichts davon trifft auf Fangheuschrecken zu, und vor allem hat es keine Fangbeine. Die großen, robusten Hinterbeine lassen, wie die membranartigen Flügel, eher an eine Heuschrecke denken, doch Heuschrecken haben keinen Saugrüssel. Und wo sind die Deckflügel? Also doch ein Schmetterling? Eher nicht. Die transparenten Flügel, robusten Beine und der lange, fadenförmige Hinterleib passen nicht. Eine Libelle also? Nein. Dagegen sprechen schon die langen Fühler und der Saugrüssel,

Die Heilige Familie mit der Eintagsfliege, Albrecht Dürer (Ende des 15. Jahrhunderts)

auch die Flügel stimmen nicht. Es bleibt also nur die Eintagsfliege, doch auch hier gibt es Unstimmigkeiten. Flügel und Körperbau kommen ihr sehr nah, aber Eintagsfliegen besitzen keinen Saugrüssel und auch keine langen, fadenförmigen Fühler. Ich nehme eher an, dass Dürer ganz allgemein ein Insekt darstellen wollte, ein bisschen Schmetterling, ein bisschen Eintagsfliege, von allem ein bisschen, denn mit Sicherheit wäre er in der Lage gewesen, eine Art in allen Einzelheiten wiederzugeben. Über den Symbolismus der Insekten ließen sich ganze Bücher füllen. Aber ich möchte das Kapitel über die Eintagsfliege damit abschließen und Kunsthistorikern und Dürer-Experten empfehlen, das Werk *Die Heilige Familie mit dem Insekt* zu nennen. Das ist zugegebenermaßen weniger elegant, aber dafür zutreffend.

Die Nymphe, die zur Steinfliege wird

Am Bachufer, zwischen hohen Kräutern, hält sich ein zartes gelbliches Insekt mühsam in der Luft. Es ist Juni, wie überall in den europäischen Gebirgswäldern krabbelt und flattert, surrt und brummt es, wo immer man hinschaut. Das Insekt fliegt zu einem Erlenast, der, bedeckt von leuchtendgrünem Moos, aus dem Wasser ragt. Dort lässt es sich nieder oder besser, scheint dort aufzuprallen. Es krabbelt zitternd, aber zügig aufwärts. Vorn sitzen zwei dünne, lange Fühler, der Hinterleib ist unter flach geschlossenen, transparenten Flügeln verborgen, aber hinten ragen zwei ebenso lange „Schwänze" hervor. Es ist eine Steinfliege. Die Ordnung ist in Europa mit 150 und weltweit mit 3000 Arten vertreten. Der wissenschaftliche, aus dem Griechischen stammende Name *Plecoptera* bedeutet „geflochtene Flügel“. Im Ruhezustand legen Steinfliegen ihre Flügel übereinander, als wollten sie ihren Hinterleib damit umwickeln, eine Zigarre aus Chitin. Damit lassen sie sich eindeutig von allen ähnlichen Insekten im selben Lebensraum unterscheiden. Manche Nachtfalter, etwa die weitverbreiteten Vierpunkt- und Weißgrauen Flechtenbärchen, legen ihre Flügel ebenfalls so zusammen, aber sie sind leuchtend gelb und schimmernd grau gefärbt, nicht dunkel wie die Steinfliegen.

Unsere zarte Steinfliege läuft also rasch den Erlenstamm aufwärts. Anscheinend kann sie fast besser laufen als fliegen. Steinfliegen sind keine Flugmeister. Nur selten entfernen sie sich weit vom Wasser; von dorther kommen sie und ihm bleiben sie verbunden. Auch Steinfliegen sind amphibisch: Die Jungtiere leben im Wasser, die adulten Tiere an der Luft. Jetzt ist die Steinfliege zwischen den Zweigen verschwunden. Andere flattern noch unsicher herum. Alle suchen einen Partner. Das Leben der erwachsenen Steinfliege ist kurz, sie ernährt sich von Pflanzen, manche Arten fressen gar nicht. Die adulte Steinfliege ist lediglich das Tier im Reproduktionsstadium. Vorher hat sie lange Zeit im Wasser verbracht, wenn sie Flügel bekommt, muss sie sich nur noch paaren und fortpflanzen. Die Befruchtung findet wie bei allen Insekten innerlich statt. Danach legt das Weibchen ihre Eier an der Wasseroberfläche ab. Sie vermischen sich mit organischen Zersetzungsprodukten (Detritus) und feinem Sand, die sich an stillen Bachstellen sammeln, und sinken zum Grund. Wann die Larven schlüpfen, hängt von Wetter, Meereshöhe und Art ab.

Das erste Larvenstadium dauert nur kurz. Die frische Larve häutet sich sofort und wächst. Wer genauer hinschaut, bemerkt auch, dass sich die Außenecken am hinteren Rand des zweiten und dritten Brustsegments ein wenig verlängert haben. Die winzigen Fortsätze werden mit jeder Häutung größer. Es sind die Flügelanlagen. Die Larven sind nun Nymphen, an den Fortsätzen erkennt man eindeutig, dass die Steinfliege nur eine unvollständige Metamorphose durchmacht. Die Nymphe bewegt sich zwischen Fels und Kies hin und her, auf der Suche nach Algen, Wasserpflanzen und Detritus, die sie unentwegt frisst. Sie ist so flach, dass sie nicht fortgetrieben wird. Mit den Krallen ihrer kräftigen Beine hält sie sich am Grund fest, zudem hat sie lange Fühler und zwei lange Schwanzfäden (die sie als adultes Tier behalten wird). Sie atmet mit dünnen fadenförmigen Kiemen, bei einigen Arten erfolgt der Luftaustausch auch durch Diffusion über die Außenhaut (Cuticula). In beiden Fällen ist das Atmungssystem nicht wirklich effizient. Steinfliegen können den Sauerstoff im Wasser nicht sonderlich gut nutzen. Noch schlechter als Eintagsfliegen. Darum brauchen sie kühle, sauerstoffreiche Fließgewässer. Auf großer Höhe können sie jedoch auch in Teichen und Seen überleben. In kaltem Wasser ist mehr Sauerstoff gelöst. Doch die Nymphen brauchen nicht nur kühles und bewegtes, sondern auch sauberes Wasser. Wie wir schon für die Eintagsfliegen festgestellt haben, führt Umweltverschmutzung direkt oder indirekt zu einem sinkenden Sauerstoffgehalt im Wasser. Bei zu wenig Sauerstoff ersticken die Nymphen. Die Anwesenheit vieler Steinfliegen ist somit ein Garant für gute Wasserqualität, sie verschwinden mit als erste, wenn Gewässer verschmutzen.

Steinfliegennymphen häuten sich, manchmal im Lauf von Jahren, mindestens 15mal. Mit jeder Häutung wachsen sie, zudem verlängern sich die Flügelanlagen. Die meisten werden Opfer von Forellen, Krebsen, räuberischen Insekten oder

Wasseramseln, doch einige kommen durch. Eine Juninacht. Eine Nymphe verlässt das Wasser, für immer. Sie erklimmt problemlos einen glatten, trockenen Stein und häutet sich zum letzten Mal. Immer nachts, damit sich Ameisen, Frösche und Tausend andere insektenfressende Wirbeltiere – Amphibien, Reptilien, Vögel und Säugetiere – nicht über sie hermachen. Ihr Exoskelett reißt am Rücken auf, ein größeres, gelbliches Insekt kommt hervor. Endlich entfalten sich, wie ein Fächer, die vier großen transparenten Flügel. Das hintere Flügelpaar ist kürzer als das vordere. Auch Fühler und Schwanzfäden entrollen sich, das neue Insekt lässt sein altes Wasserleben hinter sich, spannt die Flügel auf und fliegt ein wenig plump, aber wild entschlossen davon. Die adulte Steinfliege sieht nicht sehr viel anders aus als die Nymphe, doch ihr Lebensraum ist nicht mehr das Wasser, sondern die Luft, sie krabbelt nicht mehr über Flusskiesel, sie umflattert jetzt Bäume und bemooste Felsen, atmet statt Wasser Luft. Es ist, als würde ein Fisch zum Vogel. Auf dem Stein bleibt nur eine leere Hülle zurück, die Exuvie. Man kann sie zu bestimmten Zeiten hundertfach an europäischen Bachläufen finden. Sie ist, was nach der Häutung von dem chitinhaltigen Exoskelett übrig bleibt. Alle Gliederfüßer, die sich häuten, lassen eine Exuvie zurück.

Ich hatte das Glück, in der Nähe eines sehr sauberen Flusses aufzuwachsen, und erinnere mich bis heute an das Schauspiel der Steinfliegenschwärme, auch wenn es nicht ganz so eindrucksvoll ist wie das der Eintagsfliegen. Aber Luft und Hauswände in Flussnähe wimmelten vor Steinfliegen. Was den meisten wie eine göttliche Plage erschien, erfüllte mich mit Freude und Stolz: Der Fluss in meinem Heimatort war lebendig und sauber.

Die zwei Leben der Wanderheuschrecke

Heuschrecken sind hemimetabole Insekten, das heißt mit unvollständiger Metamorphose. Im Unterschied zu den bislang besprochenen hemimetabolen Arten wie Libellen und Steinfliegen teilen die adulten Tiere aber die Ökologie der Jungtiere, leben also z. B. auch terrestrisch. Darum spricht man auch von kleiner Metamorphose (Paurometabolie). Dasselbe gilt für Küchenschaben (Schaben), Ohrenkneifer (Ohrwürmer), Fangheuschrecken (Gottesanbeterin), viele Wanzen (Wanzen) und andere. Bei Libellen, Eintags- und Steinfliegen spricht man hingegen von Heterometabola, sie machen eine unvollständige Metamorphose (Hemimetabolie) durch, und Nymphen und adulte Tiere bewohnen unterschiedliche Lebensräume. Unter den Arten mit Hemimetabolie finden sich auch Kopfläuse (Echte Tierläuse). Ihre Nymphen haben keine Flügelanlagen, weil auch die adulten Exemplare flügellos sind. Kurzfühlerschrecken bilden mit den Langfühlerschrecken und anderen Heuschrecken die große Ordnung der Heuschrecken (Orthoptera). Beschrieben wurden bislang 25.000 Arten. Sie sind die springenden Insekten par excellence.

Lang- und Kurzfühlerschrecken kann man leicht auseinanderhalten: Heupferde z. B. sind Langfühlerschrecken (Ensifera) mit dünnen, langen Fühlern, die manchmal sogar die Körperlänge überschreiten und wie ein Hut auf dem Kopf sitzen, Wanderheuschrecken dagegen sind Kurzfühlerschrecken (Caelifera) mit kurzen, steifen Fühlern. Färbung und Größe helfen dagegen nicht weiter: Es gibt auch riesige grüne Langfühlerschrecken und winzig kleine braune Kurzfühlerschrecken. Die weibliche Langfühlerschrecke ist leicht zu erkennen: Im Gegensatz zur Kurzfühlerschrecke besitzt sie am

Hinterleib einen langen nadel-, bananen- oder schwertförmigen Fortsatz (Ovipositor), mit dem sie ihre Eier in den Boden legt. Ein Schwert verrät also eindeutig die weibliche Langfühlerschrecke, und fehlt es, nehmen Sie einfach die Fühler unter die Lupe, und schon wissen Sie Bescheid. Weibliche Kurzfühlerschrecken legen die Eier dagegen mithilfe ihres elastischen, teleskopischen Hinterleibs in die Erde. Beide Gruppen unterscheidet zudem die Art der Lauterzeugung. Kurzfühlerschrecken reiben zur Lauterzeugung mit den Hinterbeinen über die typischerweise verdickten Deckflügel. Langfühlerschrecken reiben ihre Deckflügel gegeneinander.

Abgesehen von den Flügeln ähneln die Nymphen der Heuschrecken morphologisch den adulten Exemplaren, und wenn Letztere hungrige Pflanzenfresser sind, dann sind es meist auch die Nymphen. Die in Italien weitverbreitete Große Sägeschrecke, eine riesige Langfühlerschrecke, macht allerdings Jagd auf Insekten. Aber weder fliegt sie noch paart sie sich: Es gibt nur Weibchen. Viele Arten der Ordnung Heuschrecke sind im Übrigen flugunfähig und besitzen auch im adulten Stadium keine oder nur kurze, untaugliche Flügel. Nicht so die Wanderheuschrecke. Sie ist zu trauriger Berühmtheit gelangt, weil sie sich mit Milliarden anderen zu gigantischen Schwärmen zusammenfindet, die alles kahlfressen, was ihnen auf ihrer manchmal jahrelangen, Tausende Kilometer weiten Wanderung begegnet. Die Heuschrecken gehören zu den zehn biblischen Plagen, die Ägypten laut Altem Testament heimsuchten. Bis heute werden große Landstriche in Afrika, Zentralasien und mitunter im Mittelmeerraum zeitweise von Wanderheuschrecken kahlgefressen. Aber nicht immer. Wieso?

In Europa gibt es drei weitverbreitete Wanderheuschreckenarten: die Europäische Wanderheuschrecke (*Locusta migratoria*), die Marokkanische Wanderheuschrecke (*Dociostaurus maroccanus*) und die Wüstenheuschrecke (*Schistocerca gregaria*). Alle kennen bei den Adulttieren eine solitäre und eine gesellige Lebensphase. Je nach Phase verhalten sie sich nicht nur anders, sondern wechseln auch Größe und Aussehen. Die Wüstenheuschrecke etwa ist normalerweise eine solitäre Art. Wenn die Vegetation in der Regenzeit reichlich sprießt, legen die Weibchen ihre Eier in die sandigen Steppenböden. Die frisch geschlüpften Larven finden reichlich Nahrung, werden zu Nymphen, wachsen schnell, häuten sich mehrmals und werden schließlich zu adulten, geflügelten, fortpflanzungsfähigen Heuschrecken. Diese sind gelb bis braun gefärbt, die Jungtiere hingegen grün. Wird jedoch die Nahrung knapp, weil zu viele Nymphen satt werden wollen, passiert es: Der Kontakt mit anderen führt zur Ausschüttung von Pheromonen und veranlasst die Wüstenheuschrecken, sich zu riesigen Schwärmen zusammenzufinden. Ihr Aussehen verändert sich, sie werden dünner und häufig gelb-schwarz gefärbt. Eine Warnfarbe: „Es ist gefährlich, mich zu fressen!" Das ist die gesellige Phase.

Die Phasen sind so unterschiedlich, dass man bis in die 1920er-Jahre glaubte, es handele sich um zwei Arten.

Heuschreckenschwärme fliegen auf der Suche nach Nahrung Tausende Kilometer weit. Sie verlassen ihre Heimatregion zwischen Mauretanien und dem Maghreb, wenden sich in Richtung Süden, Osten und Norden und erreichen Europa, Zentralasien, Russland, Kenia, die arabische Halbinsel und Indien. Manchmal überqueren sie sogar den Atlantik und landen in Amerika. Offenbar werden sie nicht nur durch Pheromone zur Schwarmbildung und Wanderschaft angeregt, sondern auch durch chemische Stoffe im Kot, die ihnen sagen:

„Nahrung ist knapp, Zeit, sich zu sammeln und fortzugehen." Die Gegenwart männlicher geschlechtsreifer Tiere beschleunigt zudem die Nymphenentwicklung, synchronisiert Entwicklungsabläufe und begünstigt die Vermehrung. Dasselbe passiert, wenn männliche gesellige Tiere auf solitäre weibliche Tiere treffen. Sie akquirieren quasi unterwegs weitere Heuschrecken für den Schwarm. Heuschreckenschwärme können auf der Suche nach Regionen mit mehr Regen und Nahrung 20 Stunden am Stück fliegen und am Tag bis zu 150 Kilometer zurücklegen. Die Schwärme können so dicht sein, dass sich auf einem Quadratkilometer bis zu 500 Millionen Exemplare befinden, also 500 Tiere pro Quadratmeter. Externe Faktoren wie Regen oder Dürre, Nahrungsangebot und Populationsdichte beeinflussen hier also die Entwicklung von der Nymphe zur adulten Heuschrecke, Aussehen und Verhalten verändern sich mittels komplexer chemischer Botschaften. Ein Beispiel für eine extreme ökologische Plastizität.

Verbessern sich die Bedingungen, endet die gesellige Phase, aus den Eiern entwickeln sich über Larven und Nymphen wieder solitäre Tiere. Doch bis dahin haben die vorigen Generationen Felder und Wiesen bis auf den letzten Halm kahlgefressen. Nichts bleibt vor ihnen verschont: Mais, Reis, Gerste, Hirse, Zuckerrohr, Baumwolle, Dattelpalmen, Bananen, Weizen, Wiesen, Büsche und Bäume. Echte Abhilfe gibt es bislang nicht. Doch das Ganze hat wenigstens einen positiven Aspekt. Heuschrecken sind eine wertvolle Eiweißquelle, die der Mensch auf der halben Welt zu nutzen weiß, wenn anderes knapp ist. Der Verzehr von Heuschrecken ist eine echte Alternative zu Rind- und Schweinefleisch, dessen Produktion für Umwelt und Klima immer weniger tragbar ist. Insektenmehl ist äußerst nahrhaft, seine Produktion erfordert kaum

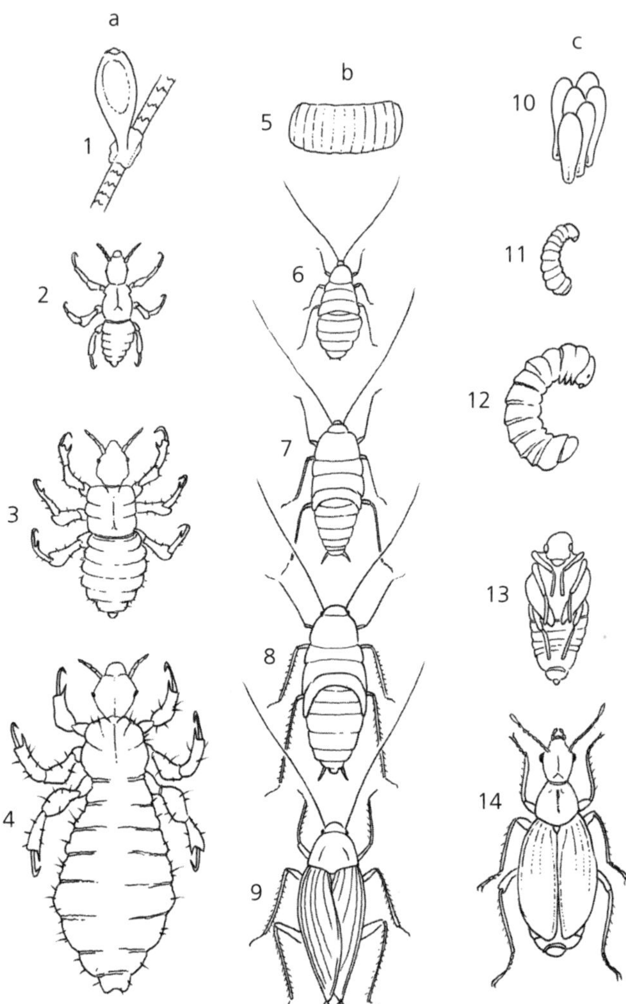

Abb. 14: Unterschiedliche postembryonale Entwicklungen bei Insekten: a. Hemimetabolie bei der Kopflaus (*Pediculus humanus capitis*, Echte Tierläuse): Die Nymphen entwickeln keine Flügelanlagen, weil das adulte Tier nicht fliegen kann, b. Paurometabolie bei der Schabe (*Blatella germanica*, Schaben): Die Nymphen ähneln in Aussehen und Ökologie den adulten Tieren, die Flügelanlagen wachsen mit jeder Häutung. c. Holometabolie beim Dickmaulrüssler (ein Käfer der Gattung *Otiorhynchus*): Es gibt ein Larvenstadium, eine Puppe und ein adultes Tier oder Imago. 1. Ei, 2.,3. Nymphe, 4. adultes Tier, 5. Oothek, 6., 7., 8. Nymphe ohne Flügelanlagen, 9. adultes Tier, 10. Eier, 11., 12. Larve, 13. Puppe, 14. adultes Tier (nicht maßstabsgerecht).

Energie und Wasser, auch Abfall gibt es kaum. Sie braucht auch wenig Platz. Mir ist bewusst, dass uns in unserer Kultur der Verzehr von Insekten befremdlich scheint, aber aus eigener Erfahrung kann ich sagen, dass Kekse aus Insektenmehl angenehm nussig und nicht schlechter schmecken als Kekse mit Ei oder anderes, was wir verwöhnten Westler für gesellschaftlich akzeptabel halten und regelmäßig zu uns nehmen. Und übrigens: Wir wollen keine Insekten essen, aber eigentlich essen wir sie, ohne es zu wissen, ununterbrochen, ungefähr ein halbes Kilo pro Jahr. Alle pflanzlichen Lebensmittel enthalten welche: Wein, Essig, Schokolade, Brot, Nudeln, Reis, Marmelade. Oder glauben Sie, bei der Weinernte stellt man extra jemanden ein, der sie einzeln von den Reben klaubt?

Die Zikade: Nymphen unter der Erde

Ende Juni. Die Tage scheinen endlos, der Abend lässt auf sich warten. Nachmittags wird es immer heißer, die Vögel singen kaum noch. Der verschwenderische Frühling mit seinen Pollen, Blüten, grünen Wiesen, Regenschauern und kühlen Nächten, mit Farbenpracht und Zwitschern ist längst Erinnerung. Jetzt steht die Luft, die Wiesen sind braun und vertrocknet, am Himmel keine Wolke, höchstens in der Ferne, über den Bergen. Ein Geräusch übertönt alles, wird von Tag zu Tag lauter, geradezu ohrenbetäubend. Im Süden Europas hört es selbst nachts nicht auf. Der Zikadengesang gehört zu den kraftvollsten Klängen im gesamten Tierreich.

Jeder kennt Zikaden, aber seltsamerweise weiß kaum jemand, wie sie aussehen. Eine Zikade zu Gesicht zu bekommen, ist genauso schwierig, wie sie zu überhören. Das gilt allerdings nicht für alle Zikadenarten. In Griechenland habe ich Zikaden gesehen, denen man sich problemlos nähern und die man leicht fangen konnte. Nicht so die italienischen. Sie sitzen reglos im dichten Laub hoch oben in den Bäumen. Und hören auf zu singen, sobald man sich nähert. Wie soll man auf einem braunen Ast ein braunes Insekt erkennen, das sich nicht rührt? Zikaden fliegen selten, aber dafür schnell und laut. Und höchstens zum nächsten Baum. Doch woher kommen überhaupt die Milliarden Zikaden, die im Sommer die Luft mit ihrem Gesang erfüllen? Antwort darauf geben die seltsamen Gebilde, die unversehens an Baumstämmen oder Holzlatten auftauchen. In Pinien- und Olivenhainen sind sie leicht zu finden. Aber was ist das genau? Es hat sechs Beine, große Augen und kleine Fühler, ist also eindeutig ein Insekt. Aber innen ist es leer. Es ist eine bloße Hülle, ein Exoskelett, eine Exuvie. Es haftet reglos und unbewohnt am Baum, aber vor Kurzem lebte noch ein Insekt darin. Genau: eine Zikade.

Zikaden sind Tiere mit unvollständiger Metamorphose. Sie haben also keine Larven, sondern Nymphen, aus denen sich nach und nach direkt das adulte Tier entwickelt. Wenn man die seltsamen Hüllen genauer anschaut, sieht man noch die Flügelanlagen. Würde man zur richtigen Zeit nachts mit einer Taschenlampe in einen mediterranen Pinienwald gehen, um sich die Stämme näher anzuschauen, könnte man sehen, wo die seltsamen Hüllen plötzlich herkommen. Kleine, plumpe braune Lebewesen krabbeln aus dem Erdreich. Mit kräftigen, kurzen und gezähnten Vorderbeinen, ein wenig wie

Maulwürfe. Nur mit Mühe erreichen sie einen Baumstamm und laufen ein bis zwei Meter in die Höhe. Dann halten sie an. Wie bei den Libellen brechen sie am Rumpf auf, ein neues, anderes, größeres Tier quillt hervor, mit sechs identischen Beinen und großen, transparenten, wunderbar schwarz geäderten Flügeln. Es entfaltet sich, spannt die Flügel auf, der Hinterleib pulsiert. Es entfernt sich von der Exuvie, öffnet die Flügel und fliegt fort. Und singt. Nun würde jeder die Zikade erkennen.

Und die Nymphe? Sie hat Jahre in der Erde verbracht, mit ihren Maulwurfbeinen Gänge geschaufelt und sich von Wurzelsaft ernährt. Vor aller Welt verborgen, führte sie ein unterirdisches Leben. Aus der riesigen Menge an Zikaden zu schließen, die unsere Sommer bevölkern, müssen Millionen Nymphen unter unseren Füßen leben. Ohne dass es uns bewusst ist. Im Januar wimmelt es im Pinienwald nur so vor Zikaden, aber wir sehen und hören sie nicht und nehmen sie deshalb überhaupt nicht wahr. Eine amerikanische Zikadenart braucht 17 Jahre, ehe sie aus dem Erdreich krabbelt, sich häutet und davonfliegt.

Nachdem die Nymphe Jahre unter der Erde gelebt hat, bleiben der adulten Zikade nur noch wenige, aber intensive Wochen. Um sich zu paaren, muss sie erst mal einen Partner finden, aber auch der sitzt gut versteckt und getarnt im Laub. Darum singen die Zikaden. Mit einem paarigen Trommelorgan am Hinterleibsansatz. Es besteht aus Membranen, die durch Muskelkraft in Schwingungen versetzt werden. Das Singen der Zikaden entsteht durch zunächst langsame, dann immer raschere Schwingungen des Trommelorgans. Durch einen Resonanzkörper unter jeder Membran wird der Ton noch verstärkt. Nach der Paarung legen die Weibchen die Eier in die Erde, dann sterben sie. Mit dem Ende des Sommers endet auch der Zikadengesang. Es gibt keine adulten Exemplare mehr, keines überlebt den Herbstanfang. Im nächsten Frühling schlüpfen die Nymphen und ihr langes unterirdisches Leben mit mehreren Häutungen beginnt. Das stumme Tier verbringt Jahre unentdeckt damit, unterirdische Gänge zu graben, um sich dann in Minutenschnelle in ein lautstark singendes Tier zu verwandeln, das uns den Sommer verkündigt.

Die Fabel von der Zikade, die im Herbst bei den fleißigen Ameisen um Futter bettelt, weil sie den ganzen Sommer nur gespielt und gesungen hat, lässt sich außer als Moralstück auch als Evolutionsgeschichte lesen. Ameise und Zikade vertreten zwei entgegengesetzte Strategien zur Minimierung des Energieverbrauchs. Als Arbeiterin verbringt die Ameise ihr Leben damit, Nahrung für die Gemeinschaft zu sammeln. Sie sucht keinen Partner, pflanzt sich nicht fort und fliegt nicht. Sie muss keine Gene an Nachkommen weitergeben. Sie widmet ihr kurzes Leben dem Wohlergehen der Gemeinschaft und der Verteidigung der Königin, die für sie und ihre Arbeitskolleginnen die Eier ablegt. Die Energie, die die Ameise zur Verfügung hat, investiert sie in die Kolonie. Jede einzelne Ameise verwandelt ihre Energie in Energie für die Gemeinschaft. Abertausende oder Abermillionen von Individuen sorgen mit ihrer Energie dafür, dass die Ameisenkolonie funktioniert. Wenn die Arbeiterinnen erschöpft sind, sterben sie.

Die Zikade macht das genaue Gegenteil. Sie ist kein soziales, sondern sozusagen ein egoistisches Tier. Jedes Tier tut alles, um sich zu vermehren und seine Gene an die nächste Generation weiterzugeben. Die Nymphe gräbt jahrelang Gänge durchs Erdreich, ernährt sich vom Wurzelsaft, sammelt also Energie. Sie wächst und häutet sich, bis sie in einer letzten Anstrengung den Boden verlässt, auf eine Pinie krabbelt und ein adultes Tier hervorbringt, das von der mühsam angesammelten Energie verschwenderischen Gebrauch macht. Nach nur wenigen Wochen ist alle Energie durch Fliegen, Paarungen, wilde Gesänge und Eiablage verbraucht. Die Zeit ist knapp und das Ziel, die Fortpflanzung, überlebenswichtig. Die Ameise brennt auf sparsamer Flamme, schwach, aber ausdauernd, wie Glut, die unter verloschener Asche noch weiterglimmt. Die Zikade ist eine kurze, gewaltige Explosion. Die hemimetabole Zikade vertraut ihrer Nymphe das Wachstum und dem adulten, geflügelten Tier die Fortpflanzung an. Bei der holometabolen Ameise ist die unbewegliche, wurmähnliche Larve auf die adulten Arbeiterinnen angewiesen, die ohne Fortpflanzungsverpflichtungen nur für die Gemeinschaft da sind. Zwei unterschiedliche, aber gleichermaßen erfolgreiche Entwicklungsmodelle.

Der Heilige Pillendreher

Warum rollt der Skarabäus Dungkugeln durch die Gegend? Wo bringt er sie hin? Was macht er damit? Ich erinnere mich vage an einen Disney-Film, in dem zwei Skarabäus-Teams unter lautstarkem Geschrei Fußball spielten, doch in der Natur ist das wohl weniger wahrscheinlich. Genauso wie meine kleinen Töchter schaute ich früher mit großer Begeisterung Disney-Zeichentrickfilme und verschlang, wie seit Generationen Kinder in aller Welt, Mickey-Maus-Hefte. Doch auch wenn ich die Filme noch immer bewundere, glaube ich, dass die Vermenschlichung der Tiere mehr Schaden anrichtet, als man denkt, denn unsere Kinder bekommen dadurch eine völlig falsche Vorstellung von der Tierwelt und der Natur. Was macht der Käfer also mit den Kugeln, wenn er damit nicht Fußball spielt? Auch beim Skarabäus arbeiten die Erwachsenen für ihren Nachwuchs, genauer gesagt für die Engerling-Larven, weil er als Käfer eine vollständige Metamorphose durchläuft. Kot ist für viele Lebewesen eine wertvolle Nahrungsquelle. Bakterien, Pilze, Milben und Insekten wie viele Fliegen und eben der Skarabäus schätzen das stickstoffreiche Konzentrat aus Mineralsalzen und organischen Stoffen sehr.

Eine kurze Nebenbemerkung: Viele fragen sich, wozu Fliegen überhaupt gut sein sollen. Aber genau diese Vorstellung, Tiere müssten für uns von Nutzen sein, ist eine schädliche Folge der Disney-Filme. Fliegen sind schmutzig, Krankheitsüberträger, sitzen auf Kot, verdorbenem Fleisch, fauligem Gemüse, matschigen Pilzen und Ähnlichem. Noch dazu belästigen die schmutzigen Fliegen Tier und Mensch. Diesen Inbegriff des Ekels sympathisch zu finden, fällt schwer. Warum hat Gott also diese Abertausend Arten überhaupt geschaffen, eine schmutziger und unsympathischer als die andere? Für die Antwort müssen wir uns nur einmal eine Welt ohne Fliegen, Schaben oder andere ungeliebte Insekten vorstellen. Die Welt wäre mit Exkrementen, Kadavern und verrottetem Grün buchstäblich übersät. Die Hölle. Die unzähligen Larven dieser Insekten recyceln hocheffizient organische Stoffe und halten unsere Welt sauber. Und noch eine vielleicht nicht sonderlich romantische, aber physikalisch fundierte Bemerkung: Wenn die Larven ihre Energie an die adulten Tiere, die oft ohne Nahrung auskommen, weitergeben, dann verwandeln Fliegen die Energie aus dem Kot in die Kunst des Fliegens. In der sie wahre Meister sind. Vielleicht sollten wir darüber einmal nachdenken.

Doch zurück zum Pillendreher. Afrika. Eine Gnu-Herde verlässt die Wasserstelle und sucht sich einen Platz zum Grasen. Auf dem nackten, zertrampelten Boden hat sie zentnerweise Kot hinterlassen. Fliegen und Skarabäus-Käfer kommen in Scharen. Die Fliegen legen rasch ihre Eier in den Kot und fliegen davon, die Skarabäus-Käfer nehmen einen kleinen Kotimbiss, dann zerlegen sie in mühsamer Kleinarbeit den Kot. Sie krabbeln darauf herum, reißen Bröckchen ab, bearbeiten sie mithilfe ihres gezahnten Kopfes und ihrer robusten Beine und rollen sie so lange herum, bis sie perfekt rund sind. Dann ziehen sie sich, nach einem Plan, den nur sie kennen, im Rückwärtsgang zurück, jeder Käfer rollt eine Dungkugel, wesentlich größer als er selbst, mit den Hinterbeinen. Sie laufen, scheinbar nach Plan, schnurstracks in eine bestimmte Richtung. Etwaige Hindernis umrunden sie, dann setzen sie ihren Weg unbeirrt fort. Vermutlich orientieren sie sich an der Sonne oder den Sternen. Mit scheinbar großer Mühe krabbeln sie rückwärts, fast kopfüber und rollen die für sie riesige Pille weiter. Fällt sie in eine Vertiefung, tun sie alles, um sie wieder hervorzuholen, und setzen ihren Weg unbeirrt fort. Am liebsten möchte man ihnen auf der Stelle helfen. Nicht umsonst heißt der in Italien beheimatete Matte Pillendreher auf Latein *Sisyphus schaefferi*.

Haben die Käfer ihr Ziel erreicht, graben sie in sandigem Boden einen bis zu 50 Zentimeter tiefen Gang, das Nest für ihre Larven. Ist der Gang fertiggestellt, paaren sie sich, die Weibchen legen die Eier auf einer Dungkugel ab und vergraben alles. Die Engerlinge schlüpfen also gut geschützt vor Räubern und anderen Kotliebhabern. Bis zur Verpuppung und Metamorphose ernähren sie sich von der Dungkugel.

Die großen weißen Engerlinge sind halbmondförmig, mit rötlichem Kopf, kleinen Beinen und quasi bewegungsunfähig.

Dennoch verschwinden sie bei Störungen mit gezielten Bewegungen im Boden. Mehr können sie nicht tun. Müssen sie auch nicht, sie leben ja im Untergrund. Ähnliche Engerling-Larven findet man auch bei Maikäfern, Rosenkäfern, Hirschkäfern, bei Nashornkäfern und allgemein bei allen 35.000 Käferarten aus der Überfamilie der *Scarabaeoidea.* 20.000 von ihnen gehören zu den beiden Familien *Scarabaeidae* (Blatthornkäfer) und *Geotrupidae* (Mistkäfer), die sich von Kot ernähren (Koprophagie). Rosenkäferengerlinge fressen dagegen organische, sich zersetzende Stoffe und finden sich deshalb häufig in Komposthaufen, Maikäferengerlinge bevorzugen Wurzeln – die Apfelbauern wissen ein Lied davon zu singen –, die Engerlinge von Hirschkäfern und Nashornkäfern faulendes Holz. Dann gibt es noch die Erdkäfer (*Trogidae*), kleine graue, pockige Käfer, die sich eine besondere Nische erobert haben: Sie pflanzen sich in Gewöllen fort, den Haar- und Knochenresten, die etwa Greifvögel nach der Mahlzeit hervorwürgen. Wer einen Erdkäfer sehen möchte, muss nur ein Gewölle suchen und es auseinanderziehen. Mit Sicherheit finden sich zwischen Mäuseknöchelchen kleine weißliche Engerlinge und noch kleinere graue Käfer.

Es gibt riesige und winzige Skarabäen, schwarze und metallisch schimmernde, unauffällige und solche, wie der Stierkäfer (*Typhaeus typhoeus)* und Spanische Mondhornkäfer (*Copris hispanus*), mit Dornen und Hörnern. Manche sind geschickte Flieger, andere wie der Heilige Pillendreher (*Scarabaeus sacer*) flugunfähig. Seine Deckflügel sind verschweißt, andere Flügel fehlen. Aber alle Scarabäen ernähren sich von Kot und rollen ihn zu Dungkugeln. Die glänzenden Mistkäfer (*Geotrupes*) finden sich bei uns auf Feldern und in Wäldern noch immer sehr häufig. Sie begnügen sich mit den kleinen Ausscheidungen von Fuchs, Ziege und Schaf. Den Heiligen Pillendreher oder ähnliche Arten habe ich dagegen schon seit Jahrzehnten nicht mehr gesehen.

Scarabäen und ihre Engerlinge tragen auch dazu bei, die unzähligen, sich im Kot entwickelnden parasitären Fliegen unter Kontrolle zu halten. Zugleich fördern sie den Abbau organischer Stoffe, durch den dem Boden Stickstoff zugeführt wird. Nicht alle gebauten Gänge werden übrigens zu Engerlingnestern. Manche Dungkugeln werden auch als Vorräte eingelagert, wie bei den Eichhörnchen. Heilig und vorausschauend. Es gibt noch andere Käfer, die ihre Eier in unterirdische Nester legen. Doch sie statten sie nicht mit Kot-, sondern mit Aasvorräten aus.

Totengräber: Wunder im Erdreich

Im Wald oder in den Bergen habe ich häufig Gerippe von Füchsen, Igeln oder anderen Tieren gefunden. Und immer saßen darauf Aasfliegen, etwa glänzend-grüne Goldfliegen oder große bläuliche Schmeißfliegen. Sie entdecken das Aas zuerst. Um im Konkurrenzkampf zu bestehen, kommen die Weibchen vieler Arten schon trächtig beim Aas an und bringen umgehend lebende Maden zur Welt. Sie sind lebendgebärend. Je nach Größe des Kadavers und der Konkurrenz durch andere Larven können sie entscheiden, wie viele Maden sie gebären, und um keine Energie zu verschwenden, überzählige Maden sogar wieder zurücknehmen.

Von oben betrachtet, ist es immer dasselbe. Um ein totes, mehr oder minder verrottetes Säugetier schart sich eine bunte Brigade unterschiedlicher Fliegen, die fressen, sich paaren,

Eier oder große und kleine Maden ablegen. Überwindet man sich aber und schaut genauer hin, sieht die Sache schon anders aus. Als ich einmal bei einer Bergwanderung Libellen studierte, fand ich einen gerade erst verendeten Fuchs. Er stank noch nicht und war noch nicht starr. Abgesehen von ein paar Fliegen schien er, auf der Seite liegend, zu schlafen. Ich griff nach dem Schwanz, drehte den Fuchs um und da sah ich es: Große schwarz-orange glänzende Aaskäfer krabbelten irritiert umher, ich hatte sie gestört, ans Licht gezerrt, gefährdet. Es waren Käfer der Gattung Totengräber (Nicrophorus). Sie fliegen hervorragend, suchen im Frühjahr und Sommer Wälder und Wiesen ab und spüren mit hochsensiblen Chemorezeptoren an den Fühlern Kadaver auf. In diesem Fall handelte es sich um den Gemeinen oder den Schwarzhörnigen Totengräber, beide Arten sind in Italien verbreitet. Totengräber sind nicht wählerisch, sie machen sich über Frösche, Vögel und Säugetiere her, egal ob kleine Mäuse oder Fuchs. Haben sie einen Kadaver entdeckt, landen sie an der Stelle; in nur wenigen Minuten können sich eine beträchtliche Menge Männchen und Weibchen einfinden.

Doch Totengräber sind nicht sonderlich sozial eingestellt. Die Paare arbeiten bei der Beerdigung zusammen, solange es Fleisch zu Genüge gibt. Dann legen alle Paare Eier ab. Wenn man sich jedoch eine kleine Maus oder ein Rotkehlchen teilen muss, entbrennen Kämpfe. Am Ende bleibt nur ein Pärchen, in der Regel das größte, übrig. Es beerdigt den eroberten Kadaver allein, indem es unter ihm die Erde ausgräbt und sie so lange obenauf häufelt, bis der Kadaver vollständig bedeckt ist. Bei einem kleinen Tier kann das in Minutenschnelle gehen, bei einem großen Stunden dauern. Liegt der Kadaver auf einem Stein oder sehr harter Erde, also an ungeeigneter Stelle, können die Totengräber ihn gemeinsam umbetten. Bei der Beerdigung säubern sie ihn von Federn und Fell und imprägnieren ihn mit antimykotischen und antibakteriellen Substanzen, die den Zersetzungsprozess verlangsamen. Fell und Federn verwenden sie zum Auskleiden des unterirdischen, gut bevorrateten Nests.

Ist das Nest fertig, paaren sie sich, und das Weibchen legt die Eier ab. Die frisch geschlüpften dunklen Larven erinnern mit ihrer Segmentierung an Asseln. Findet sich ein Männchen auf dem Aas allein ein, schüttet es Lockpheromone aus und wartet geduldig auf ein Weibchen. Das Weibchen kommt dagegen allein zurecht: Es beerdigt das Aas, bereitet das Nest vor, legt die Eier ab und befruchtet sie mit Spermien aus früheren Begegnungen. Doch wie auch immer, die adulten Tiere beschränken sich nicht darauf, den Kadaver zu begraben, zu mumifizieren, das Nest auszustatten und die Eier abzulegen. Sie warten in der Erde das Schlüpfen ab und ernähren sich derweil vom Aas.

Totengräber pflegen, ernähren und verteidigen ihre Larven über mehrere Tage: Auf entsprechende Reize der Larven hin füttern sie sie mit gekauter und hervorgewürgter Nahrung, wie Vögel, die auf die aufgesperrten Schnäbel ihrer Jungen reagieren. Ein seltener Fall von Insekten-Brutpflege. Schon öfter habe ich das Schlüsselwort der Natur erwähnt: Energie. Gibt es im Verhältnis zur Größe des Kadavers zu viele Larven, bringen die Eltern einige um. So können die andern ordentlich wachsen und erreichen die richtige Größe, denn größere adulte Tiere gewinnen mit höherer Wahrscheinlichkeit den Kampf ums Aas. Die Larven wachsen, von den Eltern gehegt und gepflegt, rasch heran. Nach zehn bis 30 Tagen kehren die Eltern ans Tageslicht zurück und suchen neues Aas. Die

Larven fressen allein weiter, häuten sich und wachsen, bis sie das letzte Stadium erreicht haben. Dann hören sie auf zu fressen, entfernen sich vom Nest und verpuppen sich im Boden, wo sie den Winter verbringen. Falls sie alle Ameisenangriffe überstehen, kommen sie im Mai, nach der Metamorphose, als neue Totengräbergeneration ans Tageslicht.

Totengräber machen die Drecksarbeit. Sie beseitigen Aas und reichern das Erdreich an. Zudem entziehen sie vielen Fliegenarten, die Krankheiten verursachen oder übertragen, die Nahrungsquelle, fungieren also als Gesundheitswächter des Ökosystems. Totengräber haben komplexe, einzigartige Verhaltensweisen entwickelt und sind mit ihrer schwarz-orangen Färbung außerdem wunderschön. Es lohnt sich, sich zu überwinden und, wenn sich die Gelegenheit bietet, ein kleines, kürzlich verendetes Tier umzudrehen. Im dunklen Erdreich, dort wo man es am wenigstens erwartet, geschehen wunderbare Dinge.

Der Leuchtflug der Glühwürmchen

Vor vielen Jahren verbrachte ich die Sommermonate in Petrella Salto, einem kleinen Bergdorf in der Provinz Rieti. Es war Mitte Juni, und da ich die Libellenpopulation an einem Bergsee erforschen wollte, hatte ich dort ein Häuschen gemietet. Eines Abends machte ich nach dem Essen einen Spaziergang. In der unwirklichen Stille lauschte ich dem Zirpen der Grillen und Quaken der Frösche, nur ab und zu drang von der Superstrada weiter unten Autolärm herauf. Da fiel mir plötzlich auf, dass die Steine der Gasse mit grünen Leuchtpunkten übersät waren. Ich schaute näher hin und erkannte dunkle

Tiere, die wie plumpe, platte und dornige Raupen aussahen. Reglos saßen sie auf den Steinplatten, in den Ecken, zwischen den Blumentöpfen und auf den zig Stufen, die zu der sagenumwobenen Burg Rocca hinaufführen. Im 16. Jahrhundert wurde Beatrice Cenci dort von ihrem gewalttätigen, schuldengeplagten Vater Francesco eingesperrt, und sie und ihre Brüder ließen ihn ermorden. Heute zeugt kaum noch etwas von der Bluttat, die sich in einer der vornehmsten römischen Adelsfamilien ereignete und Shelley, Stendhal, Dumas und Moravia als Stoff diente. Nur Ruinen und ein überwucherter Wachturm sind von der Burg, die den Colonna gehörte, geblieben. Das winzige Dorf liegt inmitten von ausgedehnten Eichen- und Kastanienwäldern, Weiden und Wiesen. Es gibt nur wenige Störungen der Natur, keine Umweltverschmutzung, vor allem keine Lichtverschmutzung. Das ist wichtig, denn die Tiere waren Glühwürmchen, genauer gesagt, *Lampyris noctiluca*-Weibchen (Großes Glühwürmchen). Doch treten wir nochmal einen Schritt zurück.

Biolumineszenz ist im Tierreich weitverbreitet und hat sich zu verschiedenen Zeiten in verschiedenen Organismen unabhängig voneinander entwickelt. Bei Dunkelheit stellt sie ein gutes Kommunikationsmittel dar. Man könnte natürlich rufen. Aber die Entwicklung eines Lautapparats ist komplizierter als zu leuchten. Eine weitere Alternative wären chemische Signale, und tatsächlich sind diese besonders unter nachtaktiven Insekten, allen voran den Nachtfaltern, weitverbreitet. Biolumineszierende Vögel oder Säugetiere, Reptilien oder Amphibien gibt es nicht. Sie sind entweder tagaktiv und bunt oder haben sich als nachtaktive Tiere auf akustische oder chemische Signale verlegt. Doch auch nicht-tierische biolumineszierende Organismen leuchten, etwa einige Protisten wie die

Dinoflagellaten. Diese Meereseinzeller werden neuerdings zum Reich der Chromisten gezählt. Quallen und Meeresfische leuchten in Hülle und Fülle wie der Schwarze Drachenfisch und andere Tiefseefische. Und sogar Regenwürmer können leuchten.

Doch um das Leuchten zu sehen, muss man sich nicht in die Abgründe der Tiefsee begeben. Wenn wir Glück haben, können wir westlichen Städter, obwohl wir in einer fast sterilen Welt leben, jeden Sommer eines der schönsten, unglaublichsten Schauspiele der Natur genießen: den Leuchtflug der Glühwürmchen. Es ist die erste Juliwoche 2021, und während ich diese Zeilen schreibe, werden Wälder, Waldränder, nicht vergiftete Felder, Brachflächen und Gärten, Parks und Stadtränder von Milliarden winziger Fluglichter erhellt.

Aber was genau sind diese Lichter? Wie funktioniert die Biolumineszenz der Glühwürmchen? Nimmt man ein Glühwürmchen vorsichtig auf die Hand und dreht es um, sieht man, dass sein Hinterleibsende leuchtet. Tagsüber, wenn das Licht „ausgeschaltet" ist, ist es an dieser Stelle weiß. Dort befinden sich Zellen mit dem Protein Luciferin. Luciferine verfügen, wie alle chemischen Moleküle, dank ihrer Atome und deren Verbindungen sowie ihres Molekülaufbaus über interne Energie. Glühwürmchen schütten Luciferasen aus, Enzyme, die mit Luciferin interagieren. Beim Kontakt mit Sauerstoff oxidiert Luciferin, verändert seinen Aufbau, die Moleküle werden energieärmer. Und was passiert mit der restlichen Energie? Sie wird als kaltes Licht abgegeben. Damit geht die Lampe an. Will das Glühwürmchen das Licht ausschalten, etwa wenn man es in die Hand nimmt oder tagsüber, stoppt es die Luciferinproduktion, der Oxidationsvorgang wird unterbrochen und fertig. Die Männchen leuchten normalerweise intermittierend, die Weibchen dauerhaft. Und jede Art hat ihr eigenes Leuchten. Sieht ein Weibchen ein Männchen seiner Art, das ihm gefällt, leuchtet es, das Männchen sucht es im Gras, und beide machen sich zum Hochzeitsflug auf.

Glühwürmchen gehören zur Familie der Leuchtkäfer (*Lampyridae*) und sind damit ebenso Käfer wie Marienkäfer, Maikäfer oder Pillendreher. Sie leben vor allem in tropischen Regionen. Von den ungefähr 2000 Leuchtkäferarten kommen theoretisch 20 in Italien vor. Die meisten Arten sind bei uns allerdings sehr selten geworden oder ausgestorben. Am häufigsten sind das Große und das Italienische Glühwürmchen (*Luciola italica*). Zunächst muss gesagt werden, dass bei beiden Männchen und Weibchen leuchten können, aber nur die Männchen fliegen. Das Weibchen der Italienischen Glühwürmchen besitzt zwar Flügel, aber meistens hockt es am Boden oder an einem Halm und wartet, dass ein Männchen angeflogen kommt. Die Weibchen der Großen Glühwürmchen sehen dagegen erst gar nicht wie Käfer aus, sie besitzen keine Deckflügel oder anderen Flügel. Die Art ist neotenisch, das heißt, sie behält das Aussehen der Larve bei und macht keine Metamorphose durch. Wir sind der Neotenie bereits begegnet und werden ihr auf den folgenden Seiten erneut begegnen. Sie ist die neueste Evolution der Metamorphose und wurde von vielen Meeres- und Landtieren, vor allem Insekten und Amphibien, im Lauf der Zeit entwickelt.

Warum aber hat sich das Große Glühwürmchen, wie viele andere Leuchtkäfer, für die Neotenie entschieden? Wie so oft gibt es darauf mehr Fragen als Antworten. Vorstellbar ist, dass die Neotenie entstand, als die Weibchen aufhörten zu fliegen oder, wie beim nicht neotenischen Italienischen Glühwürmchen, zumindest weniger flogen als die Männchen. Wozu jetzt noch die lange, komplizierte Metamorphose, die nur viel Energie kostet, warum Flügel, wenn sie sie gar nicht mehr brauchten? Jedes Zuviel, alles Überflüssige ist zu vermeiden, das wissen wir auch. Das Weibchen brauchte nur noch die für die Fortpflanzung notwendigen Organe. Weg mit Deckflügeln, Flügeln, Färbung und chemischen Signalen, her mit Leuchtorganen, um von den Männchen gefunden zu werden. Keimdrüsen und Geschlechtsorgane kann man auch entwickeln, wenn man weiterhin wie eine Larve aussieht, das spart jede Menge Energie. Offenbar funktioniert die Neotenie, denn bei Insekten und auch anderen Tieren ist sie weitverbreitet. Das neotenische Weibchen muss lediglich sein Tagesversteck verlassen, sich in eine dunkle Gasse in Petrella Salto oder im Wald zwischen Eichenwurzeln begeben und warten, bis ein Männchen angeflogen kommt. Nach der Paarung legt es die Eier ab, aus denen winzige, bewegliche und aggressive Larven schlüpfen. Glühwürmchen wirken so anmutig, aber vor allem ihre Larven sind entschlossene Schneckenjäger. Mit einem Biss injizieren sie ihnen ein giftiges Verdauungsenzym, dann fressen sie sie in Ruhe auf. Sie halten also, wie alle Jäger, Schädlinge in Schach und wären wichtige Helfer der Bauern, würden diese die Umwelt nicht so fleißig mit Chemie vergiften und Freund und Feind gleichermaßen umbringen. Zum chemischen Gift kommt noch die Lichtverschmutzung hinzu, durch die die Geschlechter sich nicht mehr finden, sowie die schlechte Angewohnheit, Ränder und Brachen erbarmungslos abzumähen. All das erklärt, warum die Glühwürmchen heute so selten geworden sind. Manche Arten greifen beim Leuchten auch zur Mimikry. Die Weibchen ahmen Leuchtintensität, -art und -frequenz anderer Arten nach und fressen die fremden Männchen, die sich anlocken lassen. Das

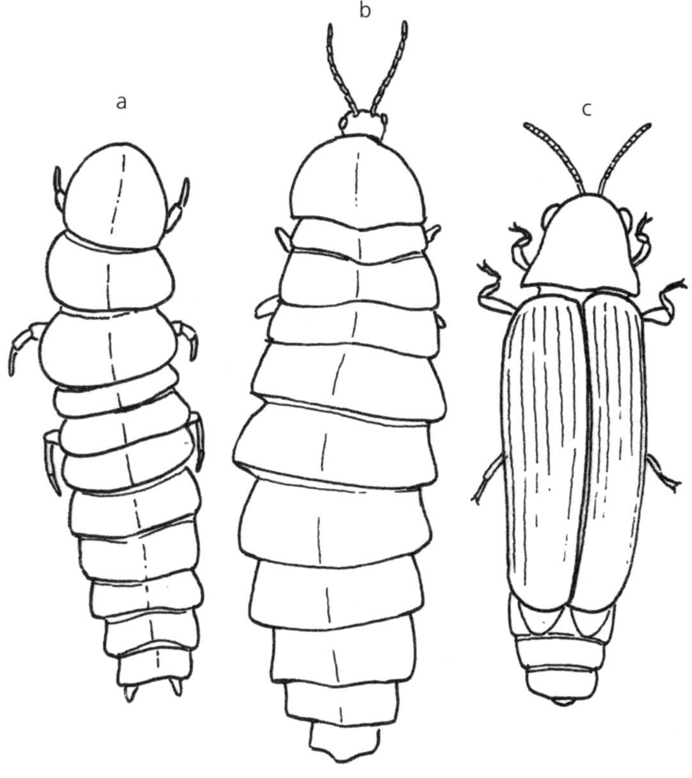

Abb. 15: Leuchtkäfer. Großes Glühwürmchen (*Lampyris noctiluca*), a. Larve, b. neotenisches Weibchen, c. Männchen.

Schlüsselwort der Natur heißt Energie. Die Männchen einer anderen verbreiteten und leicht zu übertölpelnden Art sind eine wertvolle Energiequelle, die man nicht verschwenden sollte. Die Energie wird in Eier, also in die nächste Generation verwandelt.

Aber zurück zur Neotenie. Wenn die Weibchen des Großen Glühwürmchens das Fliegen aufgegeben haben, wie verbreiten sich dann ihre Gene? Ein larvenförmiges Weibchen wird in seinem kurzen Leben kaum vom Fleck kommen und seine Eier mehr oder weniger dort ablegen, wo es selbst geschlüpft ist. Die Männchen fliegen, legen aber keine Eier ab.

Die raffinierten Fallen der Ameisenlöwen

Im Sand oder in sandiger Erde kann man im Sommer häufig zentimetergroße, perfekt runde Löcher sehen, die nach unten trichterförmig zulaufen. Am Trichtergrund ist eindeutig eine Öffnung erkennbar. Die Kegelform ist erstaunlich gleichmäßig, mit verblüffend glatten Wänden. Man könnte meinen, die Löcher seien durch Wassertropfen entstanden oder jemand habe sie in den Sand gestempelt. Doch weit gefehlt. Die Trichteröffnung ist ein Stolleneingang, hinter dem ein sechsbeiniges, eiförmiges Insekt wohnt, das am länglichen Kopf zwei – im Verhältnis – riesige Zangen trägt. Seine Gesamtlänge beträgt kaum mehr als einen Zentimeter. Es verbirgt sich, Hinterleib voran, im Stollen; wenn man genügend Geduld hat und sich nicht rührt, kann man das zangenbewehrte Köpfchen aus dem Loch lugen sehen. Das Insekt wartet. Hungrige Ameisen laufen suchend herum, immer wieder kommt eine dem Trichter zu nah. Sand ist beweglich, die

Körnchen geraten leicht ins Rutschen. Ein paar Ameisenbeine lösen da schnell eine winzige Mure aus, die die Ameise manchmal gleich mitreißt. Das ist der Moment. Das Insekt guckt aus dem Loch, streckt die Zangen vor, packt die Ameise, zieht sie in die Tiefe und verschwindet damit im Stollen. In Sekundenschnelle. Das Loch, nun ein wenig zerzaust, an den Wänden sind Sandkörner hinabgerutscht, liegt wieder harmlos da. Im Stollen hat das Insekt die Ameise mit seinen Zangen durchlöchert, ihr eine lähmende, zersetzende Flüssigkeit injiziert und labt sich jetzt an ihr. Es saugt das Gewebe auf. Ist das Mahl beendet, wird das Loch repariert. Sich um die eigene Achse drehend, schießt das Insekt die heruntergerutschten Sandkörner mit präzisen Kopfschlägen aus dem Loch, in wenigen Minuten ist der Trichter wieder perfekt geformt. Bis zur nächsten Ameise. Wenn ein größeres Beutetier sich retten und die Wände wieder hochklettern will, bombardiert das Insekt es mit Sand, bis es das Gleichgewicht verliert und direkt in die offenen Zangen fällt.

So leben und ernähren sich Ameisenlöwen, die Larven der schönen, großen, geflügelten Ameisenjungfern, die an Sommerabenden gern um die Lampen fliegen. Die adulten Tiere ähneln Libellen, sind an den großen Fühlern aber leicht zu erkennen, da Libellen winzige Fühler haben. Ameisenjungfern sind nachtaktiv und saugen Nektar. Tagsüber sitzen sie mit geschlossenen Flügeln reglos auf Baumstämmen, Steinen, Mauern, von denen sie sich in ihrer graubraunen Färbung kaum abheben. Männchen und Weibchen paaren sich nachts, die Weibchen legen die Eier in weichen und sandigen Böden ab. Wenn die Larven schlüpfen, graben sie auf der Stelle eine Trichterfalle, in der sie auf Beute warten: vor allem auf Ameisen, aber nicht nur. Solange ein Insekt die richtige Größe hat,

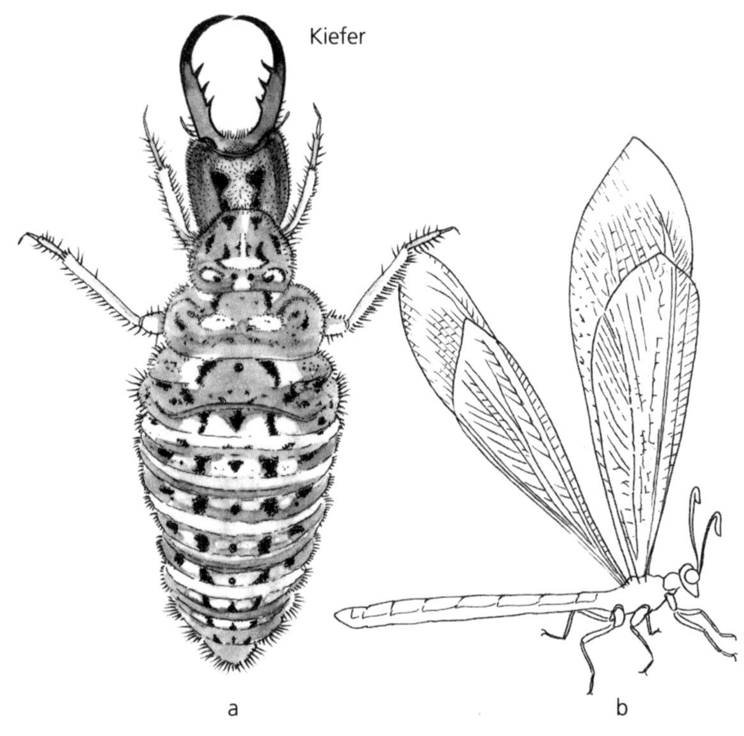

Abb. 16: Ameisenjungfer (Gattung *Myrmeleon*), a. Ameisenlöwe (Larve), b. adultes Tier (nicht maßstabsgetreu).

wird es gefangen, Gift wird injiziert und es wird ausgesaugt. Die Larve frisst und wächst schnell. Nach einigen Häutungen kriecht sie tiefer in den Sand und verpuppt sich. Nach einem Monat durchlöchert ein großes adultes Tier eines Nachts den Kokon mit seinen Zangen, krabbelt aus dem Sand nach oben und fliegt davon. Es muss schnell sein, damit seine Flügel trocknen und sich entfalten, ehe eine Ameise oder ein Frosch seiner habhaft werden. Als Larve Ameisenjäger, als adultes Tier Ameisenbeute. Hat es den Abflug geschafft, muss es sich vor Fledermäusen und Ziegenmelkern – und den Pantoffeln hysterischer Menschen – in Acht nehmen, fressen und einen Partner finden.

Netzflügler: einzigartige Überlebensstrategien

Die Ameisenjungfern (*Myrmeleontidae*) mit ihrer vollständigen Metamorphose bilden eine Familie innerhalb der Ordnung der Netzflügler oder Hafte (*Neuroptera*). Nicht alle Netzflügler graben Bodenfallen, dennoch sind ihre ähnlich geformten Larven größtenteils räuberisch. Blattlauslöwen, die Larven der kleinen, zarten Florfliegen (*Chrysopidae*), gehen auf Blattlausjagd und werden wie Marienkäfer gern zur biologischen Schädlingsbekämpfung eingesetzt. Die Larven der wunderschönen Schmetterlingshafte (*Ascalaphidae*) sehen aus wie stachelige Kugeln, weil sie sich mit den Resten ihrer Exuvie, Pflanzen- und Erdkrümeln tarnen, und stellen kleinen Wirbellosen nach. Sie ähneln Ameisenlöwen, besitzen aber an jedem Hinterleibssegment zwei fingerförmige Fortsätze. Nachdem sie sich im Boden verpuppt haben, verwandeln sie sich in große, leuchtend weiße, gelbe oder schwarze Insekten mit langen Fühlern und viel Behaarung. Im Juni sieht man sie auf Blumen, sie jagen dort Insekten.

Anders die Larven der Schwammhaften (*Sisyridae*), die weltweit nur mit wenigen Dutzend Arten vertreten sind. Sie legen ihre Eier auf Wasserpflanzen in Seen und Flüssen ab. Ihre kleinen, anmutigen Larven leben im Wasser, und weil die Natur jede Fantasie übertrifft und keine Energiequelle ungenutzt lässt, auf Kosten von Schwämmen und Moostierchen. Mit nadelartigen Mundwerkzeugen stechen sie ins Gewebe ihrer Wirte und saugen die Zellflüssigkeit auf. Sie verhalten sich also wie Zecken, Flöhe oder Läuse. Sie sind Ektoparasiten, aber von Schwämmen! Nach mehreren Häutungen, die insgesamt bis zu einem Jahr in Anspruch nehmen können, verlassen sie auch mithilfe ihrer Fühler das Wasser und verkriechen sich zur Verpuppung unter Steine oder Baumrinden. Mit der Metamorphose verwandeln sie sich in anmutige Insekten mit runden Flügeln und langen Fühlern. Schwammhafte fliegen nachts und ernähren sich von Insekten, Aas, verrottenden organischen Substanzen, Pollen oder dem Honigtau der Blattläuse. Sie sind Allesfresser. Zur Paarung fliegen sie zum Wasser, um ihren Larven ein bequemes Parasitenleben zu ermöglichen.

Wenn Sie im Sommer eine kleine, leuchtend gelbe, grüne oder rosa Schrecke mit durchsichtigen Flügelmembranen sehen, haben Sie vermutlich keine echte Heuschrecke, sondern einen Fanghaft vor sich. Die Fanghafte aus der Familie der Netzflügler packen mit ihren Vorderbeinen kleine Insekten, die sie dann fressen. Dies haben sie mit den Fangschrecken gemeinsam, doch es handelt sich um einen Fall konvergenter Evolution, sie sind mit diesen nicht verwandt. Und ihre Larven sind hochinteressant. Einige Arten sind Parasitoide von

Bienen- oder Wespenlarven oder sogar von Käfern; andere haben sich darauf spezialisiert, Spinnen zu parasitieren oder sich von ihren Eiern zu ernähren. Dazu haben sie wirklich originelle Strategien entwickelt.

Die frisch geschlüpfte Larve, die ähnlich aussieht wie die der Marienkäfer oder Ameisenlöwen, hat kräftige Beine und ist gut zu Fuß. Wenn sie auf ein Spinnenweibchen trifft, krabbelt sie auf seinen Hinterleib und lässt sich von ihm weitertragen, bis sich die Spinne paart und ihre meist von einem Kokon geschützten Eier ablegt. Die Fanghaft-Larve durchsticht dann den Kokon, dringt in ihn ein und verwandelt sich darin in eine engerlingsförmige, plumpe, fast unbewegliche Larve. Sie muss nirgendwo mehr hingehen. Mit ihrem Mundwerkzeug, dem Stechrüssel, der einem Stilett gleicht, sticht sie einfach in die Spinneneier und saugt sie aus. Gut behütet von dem Spinnenweibchen, das sie transportiert und verteidigt, ohne es zu wissen, saugt sie nach und nach in aller Ruhe die Eier aus, entwickelt, verpuppt und verwandelt sich. Einige Arten dringen in den fertigen Eikokon der Spinne ein, andere setzen sich auf den Spinnenrücken und lassen sich blitzschnell mit in den Kokon einwickeln. Wieder andere wählen die Spinne selbst als Wirt. Sie dringen in die Fächerlunge der Spinne ein, mit der diese atmet, die aber nichts mit unserer Lunge gemein hat. Bis zur Metamorphose saugt die Larve nun die Hämolymphe der Spinne. Offenbar gelingt es den Larven sogar, die Spinne zu wechseln, etwa wenn diese sich paart, von einer anderen Spinne gefressen wird oder ein großes Weibchen ein kleineres paarungswilliges Männchen verspeist.

Skorpionsfliegen und Schneeflöhe

Schnabelfliegen (*Mecoptera*) gehören sicher nicht zu den größten oder bekanntesten Insektenordnungen, aber ihre ungefähr 400 Arten – also nichts im Vergleich zu den 400.000 bekannten Käferarten – sind hochspannend. Die Ordnung unterteilt sich in mehrere Familien, die in puncto Aussehen und Ökologie recht unterschiedlich sind. Gemeinsam sind allen jedoch kleine bis mittlere Abmessungen (wenige Millimeter bis einige Zentimeter), ein weiches Exoskelett und der namensgebende längliche, schnabelförmige Kopf, an dessen Ende ein kleiner, mit Kauwerkzeugen ausgestatteter Mund oder bei manchen Arten auch ein langer Stechrüssel sitzt, mit dem sie stechen und Flüssigkeiten aufsaugen können. Die Schnabelfliegen, die eine vollständige Metamorphose durchlaufen, sind Räuber oder Allesfresser. Die häufigste Art ist die Gemeine Skorpionsfliege (*Panorpa communis*), die vor allem in Wäldern und feuchten, schattigen Brachgebieten lebt. Ihren Namen verdankt sie dem verdickten, aufwärtsgebogenen Genitalsegment am Ende des männlichen Hinterleibs, das, obwohl völlig harmlos, an den Stachel eines Skorpions erinnert. Mit Beginn des Sommers machen sich die Skorpionsfliegen auf die Suche nach Beute und paarungswilligen Artgenossen. Träge flattern sie mit schwarz gefleckten, mehr als körperlangen Flügeln durch die Luft. Um die Weibchen von sich zu überzeugen, füttern die Männchen sie mit geronnenen Speichelkügelchen, offenbar eine Leckerei. Nach der Paarung lassen die Weibchen die Eier zu Boden fallen. Aus ihnen schlüpfen raupenförmige Larven, mit Borsten oder anderen Auswüchsen, drei Beinpaaren, einem kräftigen Kauapparat und mehreren Afterfußpaaren, die wie Beine der Fortbewegung dienen. Die Larven leben zwischen Pflanzen und Detritus halb versteckt am Boden und bewegen sich bei der Suche nach fressbaren Insekten, anderen lebenden und toten Wirbellosen oder Pflanzen fort. Nach mehreren Häutungen verpuppen sie sich im Boden. Fortsätze wie Beine, Fühler oder Flügel bleiben außerhalb der Puppe und sind mit eigener Haut bedeckt. Wie bei den ägyptischen Sarkophagen, die in ihrer äußeren Form schon den im Inneren liegenden Pharao zeigten, ähnelt die Puppe schon stark dem adulten Tier. Ist die Zeit reif, springt die Haut auf, das adulte Tier befreit sich, verlässt sein Erdversteck und fliegt davon.

Die Skorpionsfliegen sind nicht die einzigen Schnabelfliegen. In Europa leben noch zwei weitere Familien, die Mückenhafte (*Bittacidae*) und die Winterhafte (*Boreidae*). Mückenhafte sind längliche Insekten mit sehr langen, dünnen Beinen, ähnlich wie die Schnaken, die aber zu den Zweiflüglern gehören. Weil sich die Insektenfresser gerne mit den Vorderbeinen an einem Ast festhalten und dabei die anderen vier Beine hängen lassen, heißen sie auf Englisch auch *hanging flies*, Hängefliegen. Die Tarsen der Beine, also die Fußsegmente, sind lang und robust, die Tibia (Schiene), der Beinabschnitt darüber, endet in zwei langen Krallen, die sich mit den Tarsen zu einer Zange schließen können. Fliegt ein kleines Insekt nah genug vorbei, schnappt die Zange zu und hält die Beute gefangen. Mückenhafte sind Lauerjäger und nutzen ihre Beine wie die Spinne ihr Netz als Fangapparat. Auch ihre Männchen locken die Weibchen mit Nahrung, bieten aber mehr als geronnenen Speichel. Dank einer speziellen Hinterleibsdrüse sendet das Männchen zunächst Lockpheromone aus, und sobald sich ein Weibchen nähert, zeigt es ihm die neueste Beute. Hält die Beute der weiblichen Begutachtung stand, ist das Weibchen zur Paarung bereit. Während der Paarung frisst es die Beute auf, häufig gestützt vom Männchen, das zudem die Nahrung festhält. Je reichlicher die Nahrung, desto länger dauert die Paarung, die sich zudem wiederholen kann. Nach der Befruchtung fliegt das Weibchen davon und legt die Eier am Boden ab. In Ökologie und Morphologie ähneln die Larven Skorpionsfliegenlarven.

Noch spannender in puncto Verhalten und Ökologie sind die Winterhafte (*Boreidae*) oder Schneeflöhe. Diese Familie verdankt ihren lateinischen Namen der Tatsache, dass ihre wenigen Dutzend Arten nur in der borealen Zone vorkommen. Die Bezeichnung „Floh" rührt daher, dass Winterhafte nur wenige Millimeter lang sind und auf den ersten Blick wie Flöhe aussehen. Und obwohl sie einer anderen Ordnung angehören, scheinen sie tatsächlich mit den Flöhen verwandt zu sein. Die Flöhe stammen offenbar von einer sehr alten, flügellosen Schnabelfliegengruppe ab, die springen konnte und heute noch in Alaska vorkommt.

Als einziges von allen Insekten liebt der Schneefloh, der flügellos oder nur mit rudimentären Flügeln ausgestattet ist, die Kälte. Er lebt in Polarregionen oder auf Berggipfeln und bewegt sich bei Temperaturen, die den meisten Wirbellosen und vielen Wirbeltieren wie dem Menschen zum Verhängnis würden, furchtlos über Eis und Schnee. Wie Studien in den italienischen Alpen und dem Apennin zeigen, ist er im Dezember und Januar am aktivsten und besiedelt Höhen von 1700 bis 2500 Meter. In tiefere Regionen begibt er sich nicht, in der warmen Jahreszeit ist er quasi inaktiv oder zieht sich in kühle Höhlen zurück.

Die Paarung findet Ende November statt, im Winter, dann legt das Weibchen auch die Eier ab. Aber wo, wenn weit und breit nur Eis und Schnee ist? Es sucht nach schneefreien Moosflecken an Felsen, unter Bäumen, vor allem im Wald, wo es im Sommer feuchter ist. Hat es ein Moospolster gefunden, klebt es seine Eier daran und macht sich davon. Im Februar oder März schlüpfen raupenförmige Larven mit Stummelbeinen. Anders als die Larven von Skorpionsfliegen und Mückenhaften sind Schneeflohlarven nicht räuberisch. Sie bleiben auf ihrem Moospolster, verkriechen sich in den Moosstämmchen und ernähren sich von pflanzlichem Gewebe. Nach drei Häutungen, wenn schönster Sommer ist, verpuppen sie sich und tauchen einige Wochen später als adulte Tiere wieder auf. Anfang Herbst. Wenn die Erde wieder schnee- und eisbedeckt ist, beginnt ihr einsames Leben unter dem Gefrierpunkt, sie hüpfen über den Schnee und fressen Moos.

Von Raupen und Puppen

Das Wort Raupe sagt man so leicht dahin. Die Larven der ungefähr 120.000 bekannten Arten der Ordnung *Lepidoptera* oder Schmetterlinge nennen wir einfach Raupen. Tatsächlich sind die Raupen vieler Arten kaum zu unterscheiden, aber innerhalb der immensen Vielfalt des Insektenreichs finden sich dennoch zig Formen, Größen, Färbungen und Anpassungsstrategien. Klein, groß, behaart, glatt, giftig oder schmackhaft, sogar teils mit unterschiedlich vielen Afterfüßen. Und Raupen fressen nicht nur Pflanzen, sondern auch organische Stoffe oder Lebensmittel. Jeder hat vermutlich schon mal einen kleinen, braunen Falter aus Mülleimer oder Kleiderschrank herausflattern sehen. Einmal fand ich sogar eine – wohlgemerkt lebende – Raupe in einer ungeöffneten, noch nicht abgelaufenen

Packung Zartbitterschokolade einer bekannten Marke. Es gibt Raupen mit Warnfarben und kryptische Arten, die sich mit Tarnfarben und -formen quasi unsichtbar machen.

Schmetterlinge und Raupen gelten als Inbegriff der Metamorphose. Schon in der Schule lernt man, dass aus der Raupe ein Schmetterling wird und ein Schmetterling vormals eine Raupe war. Aber was genau ist eine Raupe? Eruciforme oder raupenförmige Larven sind nicht auf Schmetterlinge beschränkt, sondern auch bei Insekten wie Blattwespen oder Skorpionsfliegen verbreitet. Blattwespen haben hochinteressante Afterraupen, die sich von Schmetterlingsraupen durch die Zahl der Afterfüße unterscheiden, stets fünf bis sieben Paar ab dem zweiten Hinterleibssegment. Schmetterlingsraupen besitzen nur fünf Paare, aber ab dem dritten Hinterleibssegment. Die Hinterleibssegmente einer Raupe lassen sich mit bloßem Auge kaum zählen, aber wenn man mehr als fünf Fußpaare sieht, ist es mit Sicherheit eine Wespenlarve. Bei fünf und weniger Afterfußpaaren muss man prüfen, ob das erste Paar unmittelbar hinter dem dritten echten Beinpaar oder weiter hinten sitzt. Im ersten Fall handelt es sich um eine Wespen-, im zweiten um eine Schmetterlingslarve. Die Afterraupen der Blattwespen knabbern ähnlich wie Schmetterlingsraupen an Blättern.

Manche Arten haben besondere Verhaltensweisen entwickelt: Die Raupe einer Art, die Rote-Beete-Blätter frisst, schießt bei Gefahr mit klebrigen blauen Fäden. Zur Verblüffung neugieriger menschlicher Beobachter und sicher zum Schrecken kleiner Räuber wie Sperlingsvögeln, die wohl für immer von ihrem Vorhaben ablassen. Eine andere Art, die ich oft auf Apfelbäumen sehe, ist sehr gesellig. Mitunter fressen sie zu zehnt an einem Blatt. Wenn man sie stört, stellen sie sich auf ihre Afterfüße, schwanken wie Kobras hin und her und verströmen einen zitronigen Duft. Mönchsgrasmücken oder Blaumeisen ekelt der Geruch vermutlich, und sie lassen in Zukunft den Schnabel davon. Diese Raupen haben eine leuchtend gelbe Warnfarbe. Die Blaumeise wird die Farbe nicht so leicht vergessen und sie künftig meiden. Im Übrigen tragen Tausende Arten gelbe, rote, schwarze oder weiße Warnfarben und signalisieren damit Gefahr. Ein potenzielles Beutetier tut immer gut daran, die Jäger mit wenigen, aber eindeutigen Signalen zu verjagen.

Echte Raupen kennen wir alle. Wir sehen sie im Garten, auf Wiesen, Blättern, wenn sie leichtsinnig eine Straße überqueren oder in Äpfeln oder Kirschen. Viele haben auch schon Raupen gegessen, aber das erzählt man besser nicht weiter. Eine typische Raupe ist wurmähnlich, hat einen gut entwickelten Kopf mit Augen und kräftigem Kauapparat, aber keine Fühler. Der Kopf geht nahtlos in den Rumpf (Thorax) über, es folgt der längliche Hinterleib. Am Rumpf sitzen drei kurze Beinpaare mit robusten Haken, am Hinterleib mehrere paarweise Stummelfüße (auch After- oder Bauchfüße), gelenklose Hinterleibsfortsätze, die aber wie Beine der Fortbewegung dienen. Das ist das Basismodell. Aus ihm haben sich noch viele weitere Formen entwickelt.

Eine Raupe ist im Grunde ein lebender Verdauungsapparat. Augen und Beine helfen nur bei der Nahrungssuche. Eine Raupe muss nicht fliegen, sich nicht fortpflanzen, kein Revier verteidigen oder jagen. Ihre Lebensaufgabe heißt Fressen. Und nicht gefressen werden. Sie frisst beinah ununterbrochen, manche nachts, andere tagsüber. Genau wie die Raupe Nimmersatt in dem Buch von Éric Carle: Jeden Tag frisst sie etwas anderes, bis sie sich eines Sonntags wundersamerweise in einen schönen Schmetterling verwandelt. Die Raupe in der Natur hat ihr Ei noch gar nicht verlassen, da frisst sie es schon auf. Die wertvollen Proteine kann sie sich nicht entgehen lassen. Ihre ersten Schritte macht sie direkt auf ihrer Nahrung, ihre geflügelte Mutter hat das Ei auf der passenden Pflanze abgelegt. Und was macht sie da? Sie knabbert natürlich. Sie frisst und wird rasch größer, bis das weiche, elastische Exoskelett zu eng wird. Zeit, in eine neue Haut zu schlüpfen.

Die Häutung wird durch ein Hormon gesteuert, Ecdyson. Die Zahl der Häutungen (meist vier oder fünf) und damit der Raupenstadien variiert je nach Art. Mit jeder Häutung wird die Raupe sichtbar größer, schon bald erreicht sie ihr letztes Stadium. Doch wodurch werden die Häutungen ausgelöst? Studien zufolge wird Ecdyson aktiviert, wenn die Tracheen das Gewebe nicht mehr ausreichend mit Sauerstoff versorgen, das Atemsystem also zu klein für die gewachsene Raupe geworden ist. Die Raupe braucht ein neues Exoskelett und einen größeren Atemapparat. Das neue Exoskelett wächst unter dem alten heran, bis dieses irgendwann reißt und dem neuen, größeren Platz macht. Doch bei der letzten Häutung ist das anders. Eigentlich gibt es zwei Hormone, die gegensätzlich wirken: Ecdyson stimuliert die Häutungen und die Metamorphose, Neotenin (Juvenilhormon) hemmt die Häutungen und blockiert die Metamorphose. Solange beide Hormone vorhanden sind, häutet sich die Raupe bloß, doch gegen Ende des letzten Raupenstadiums nimmt das Neotenin rasant ab. Das Ecdyson leitet nun nicht bloß eine Häutung, sondern eine grundlegende Metamorphose ein. Die Raupe verpuppt sich, spinnt sich in einem Kokon ein und verwandelt sich.

Die Puppe ist, nach Ei und Larve (Raupe), das dritte Stadium der Insekten mit vollständiger Metamorphose. Auch bei ihr lassen sich nach Äußerem und Aufbau verschiedene Typen unterscheiden. Bei manchen Arten bleiben die Fortsätze wie Flügel frei von außen sichtbar und werden von einer eigenen Hülle umkleidet. Bei anderen wird die gesamte Raupe umsponnen, wobei auch hier die Fortsätze von außen sichtbar bleiben. Beim ersten Typ wird die Puppenhülle durch die Metamorphose naturgemäß zerstört, sie reißt an mehreren Stellen ein (manche Puppen haben dazu spezielle Mundwerkzeuge). Beim zweiten Typ, dem weitaus häufigeren, reißt die Hülle entlang einer bestimmten Linie ein und bleibt ansonsten quasi unversehrt. Puppen können durch eine dünne Hülle oder einen Kokon geschützt sein. Puppen mit dünner Hülle können im Boden liegen oder an einer Unterlage befestigt sein. Viele Schmetterlingspuppen mit dünner Hülle hängen mit einem Seidenfaden befestigt an einem Pflanzenstängel (Gürtelpuppen). Manchmal hängt die Puppe auch per Haken kopfüber an einem Ästchen und wird mit einem Gespinst daran festgewickelt (Stürzpuppe). Die Fäden werden natürlich von der Raupe selbst gesponnen, die sich vor der Verpuppung ihr Lager aussucht. Puppen mit Kokon können nur durch die letzte Exuvie oder durch verschiedene Gespinste geschützt sein, wie beim Kokon der Seidenspinnerraupe.

Eine Puppe kann tage-, wochen- oder sogar monatelang reglos und scheinbar leblos an derselben Stelle verharren. Aber in ihr passiert etwas. Das Ecdyson hat tiefgreifende Veränderungen in Gang gesetzt. Das Gewebe löst sich auf, Augen, Beine, Afterfüße, Mundapparat, innere Organe der Raupe verschwinden. An den Imaginalscheiben, vordefinierten, aber von außen unsichtbaren Bereichen beginnend, sammeln sich undifferenzierte Zellen und bilden Flügel, Beine, innere

Organe, Saugapparat, Augen, Fühler von Grund auf neu aus. Nichts bleibt, wie es war. Das ist die letzte Häutung.

Insekten mit vollständiger und unvollständiger Häutung unterscheiden sich in ihrem Hormonspiegel. Bei Insekten mit unvollständiger Metamorphose sinkt der Neoteninspiegel nicht, die Larve entwickelt sich so in langsamen Schritten zum adulten Tier. Natürlich gibt es auch hier zahlreiche Ausnahmen und Besonderheiten. Aber das kann in einer riesigen Klasse wie den Insekten, mit über 30 Ordnungen und einer Million Arten, wohl kaum verwundern.

Doch kehren wir zu unserer Raupe zurück, die nun keine mehr ist. Nach der Verpuppung sitzt ein Schmetterling in der Puppenhülle fest. Sich wendend und drehend, sprengt er die Hülle an der Sollbruchstelle auf, sieht zum ersten Mal das Sonnenlicht, klettert heraus, breitet die Flügel aus und fliegt davon. Die Metamorphose ist abgeschlossen. Zweierlei muss noch gesagt werden: Die Raupe trägt die Gene des Schmetterlings bereits in sich, sie warten nur noch auf ihre Exprimierung. Und die Organe des Schmetterlings bilden sich, nachdem endolithische Enzyme die Raupe in der Puppe aufgelöst haben. Die Metamorphose ist also sehr viel tiefgreifender, als man vielleicht denkt. Der Schmetterling ist keine Raupe, der Flügel wachsen, sondern ein innerlich und äußerlich völlig neues Individuum, mit neuen Organen und Körperteilen. Wovon reden wir also, wenn wir vom Tagpfauenauge sprechen? Von dem schönen Schmetterling mit großen, blauen Augen auf roten Flügeln? Oder von der schwarzen, borstigen Raupe, die sich im Frühling durch Brennnesselfluren frisst? Kann man hier überhaupt von ein und demselben Individuum sprechen? Sollten wir bei der Bestimmung der Artenvielfalt eines Gebiets das Tagpfauenauge als ein oder zwei Arten zählen?

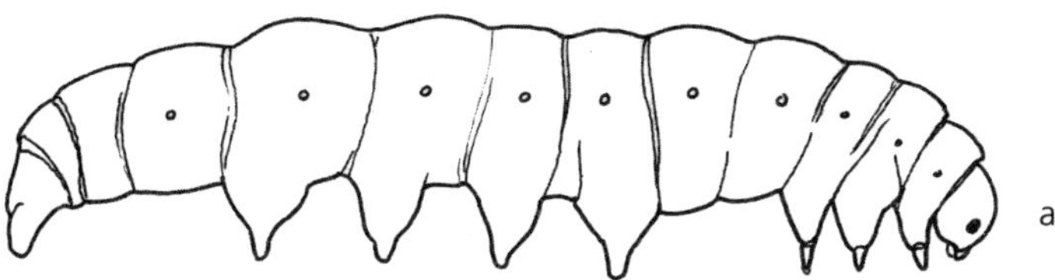

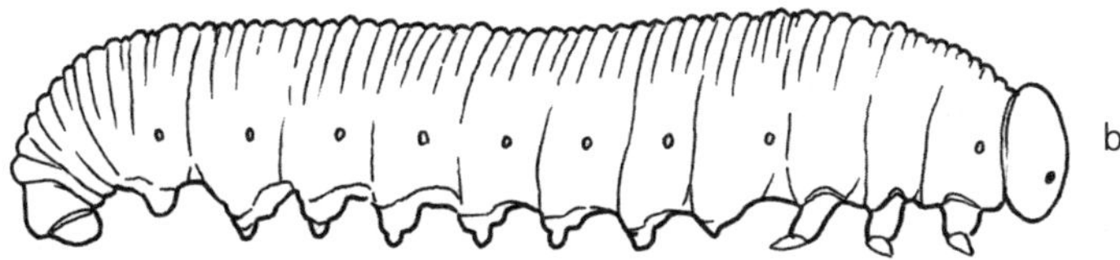

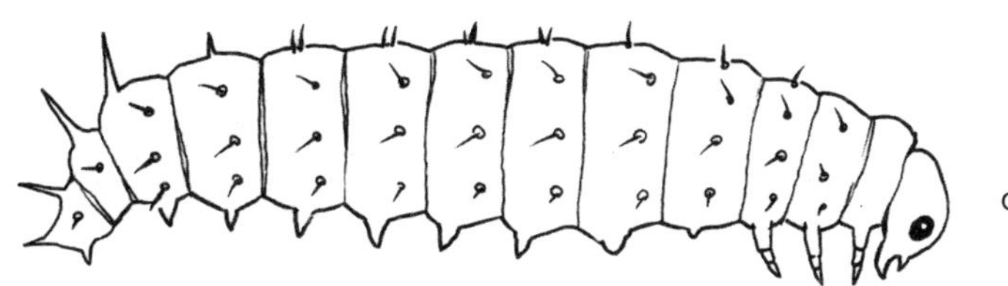

Abb. 17: Raupen von Insekten mit vollständiger Metamorphose: a. Schmetterlingsraupe, b. Afterraupe der Blattwespe, c. Afterraupe der Skorpionsfliege.

Die Larve im Köcher

Im sandigen Untergrund eines klaren Wassergrabens schiebt sich ein graues, wenige Zentimeter langes, rätselhaftes Röhrchen ruckelnd, aber entschlossen vorwärts. Bei genauerem Hinsehen erkennt man einen winzigen Kopf und lange, robuste Beine. Ein wenig sieht es aus wie ein Einsiedlerkrebs. Ein neugieriges Kind greift ins Wasser und nimmt das Röhrchen heraus. Reglos verharrt es auf der Handfläche, Kopf und Beine sind plötzlich verschwunden, nur das Röhrchen ist noch zu sehen. Es besteht aus winzigen, nahtlos miteinander verzahnten Körnchen in allen Farben, wie eine Liliputmauer. Vorn und hinten ist das Röhrchen offen, hinten läuft es leicht konisch zu. Das Kind setzt es in eine Wasserschüssel und wartet, was passiert. Nach ein paar Minuten kommen die Beine wieder zum Vorschein, dann der Kopf mit Stielaugen und robusten dunklen Mundwerkzeugen. Das Tierchen schwimmt ruckweise durch die Schüssel, die Körnchen im Schlepptau, und sucht vergebens nach einem Unterschlupf.

Das Kind hat eine Köcherfliegenlarve entdeckt. Köcherfliegen gehören nicht gerade zu den bekannten Insekten, sind aber sehr weitverbreitet. Jeder hat vermutlich schon gesehen, wie sie um eine Lampe flatterten oder reglos, die gelblichen Flügel dachartig zusammengelegt, an einer Wand saßen. Die Ordnung der Köcherfliegen (*Trichoptera*) durchläuft eine vollständige Metamorphose, ist eng mit den Nachtfaltern verwandt und amphibisch. Die Larven, wie die aus dem Graben, bevölkern in großer Zahl unsere Fließgewässer. Den Köcher, den sie mitschleppen, bauen sie selbst, von Häutung zu Häutung wird er länger. Mit den Mundwerkzeugen nehmen sie dazu Sandkörnchen vom Grund auf und kleben sie mit Speichel aneinander. Wie bei den Seidenspinnerraupen wird der Speichel dabei widerstandsfähig und elastisch. Larven in stehenden Gewässern ohne Sandkörner behelfen sich mit Blatt- und Holzstückchen, die sie scheinbar wahllos aneinanderkleben. Ihr Köcher, oft breiter als lang, wirkt unordentlich, ähnelt mehr einem Restehäufchen als einem Bauwerk. Doch die Öffnung ist perfekt rund, und könnten wir hineinsehen, würden wir glatte, sehr regelmäßige Innenwände entdecken.

Egal ob Sandkörnchen oder Pflanzenreste, die Köcher sind eine erstklassige Tarnung. Weil sie aus Umgebungsmaterialien bestehen, verschmilzt die Köcherfliegenlarve quasi mit dem Grund. Die Larven besitzen weder Stachel noch Gift, sind keine schnellen Schwimmer oder Läufer, da ist es besser, sich zu verkriechen. Eine ähnliche Strategie verfolgen die Einsiedlerkrebse im Meer, nur bauen sie ihre Häuser nicht selbst, sondern nehmen leere Schneckenhäuser – neuerdings auch Cola-Dosen –, die sie mit wachsendem Größenbedarf wechseln. Bei Fischen, vor allem bei Forellen, sind Köcherfliegenlarven höchst beliebt: Sie beißen den Köcher mit den Zähnen auf und verspeisen das Innere. Auch Wasseramseln jagen danach. Sie können sich unter Wasser fortbewegen und drehen mit Schnabel und Krallen jeden Stein um. Als einzige Sperlingsvögel können sie die Luft anhalten. Manchmal verwenden die Larven für ihren Köcher auch winzige Wasserschnecken wie die Tellerschnecke oder kleine Klappmuscheln wie die Erbsenmuscheln. Sie werden dann zum lebenden Bestandteil des Köchers. Fliehen geht nicht.

Köcherfliegenlarven ernähren sich je nach Art von Algen, Wasserpflanzen und pflanzlichem oder tierischem Detritus. Manche sind räuberisch. Sie bauen Trichter, halten die Öffnung in die Strömung und fressen Wirbellose, die in die Falle gehen. Manche Arten bauen gar keine, andere nur Köcher aus Speichel. Am Hinterleibsende besitzen die Larven kräftige Zangen, mit denen sie sich im Köcher festhalten. Der restliche Hinterleib, Brust und Kopf können sich hingegen frei bewegen. Zudem muss Wasser durch den Köcher fließen, denn die Larven atmen frei gewordenen Sauerstoff, den sie direkt über das Gewebe oder über Hinterleibskiemen aufnehmen.

Nach mehreren Häutungen verpuppen sich die Larven noch im Wasser. Sie verschließen ihre Köcher, verbinden sie unauflöslich mit dem Untergrund oder bauen Höhlen aus Sandkörnern, die sie unter Steine kleben. Die Körperfortsätze der Puppe sind frei und beweglich. Nach der Metamorphose brechen die Puppen den Köcherdeckel auf und schwimmen an die Oberfläche. Hier reißt die Verpuppung, und die Köcherfliege fliegt davon. Das gelbliche, braune oder schwarze, nur sehr selten bunte oder schimmernde Insekt sieht aus wie ein länglicher, schmaler Nachtfalter. Es besitzt lange Fühler und fliegt nicht besonders gut. Der kräftige Kauapparat der Larve hat sich in schwache, kaum entwickelte Mundwerkzeuge verwandelt: Die adulten Köcherfliegen fressen kaum oder gar nicht. Dafür haben sie lange, kräftige Beine, große, dreieckige, behaarte Flügel (*Trichoptera* bedeutet „Haarflügler"), die sie im Ruhezustand dachförmig zusammenlegen. Ihr Leben ist kurz, sie müssen sich also schnell paaren und Eier ablegen. Sind die Eier befruchtet, fliegen die Weibchen zum Wasser und legen, je nach Art, auf Pflanzen oder direkt im Wasser Gallertpakete ab, die die Eier, wie bei den Amphibien, schützen. Die Larven der Köcherfliegen lassen wie die von Stein- und Eintagsfliegen Rückschlüsse auf die Wasserqualität zu. Umweltverschmutzung, hohe Temperaturen und zu wenig freier Sauerstoff verdammen die besonders sensiblen Arten,

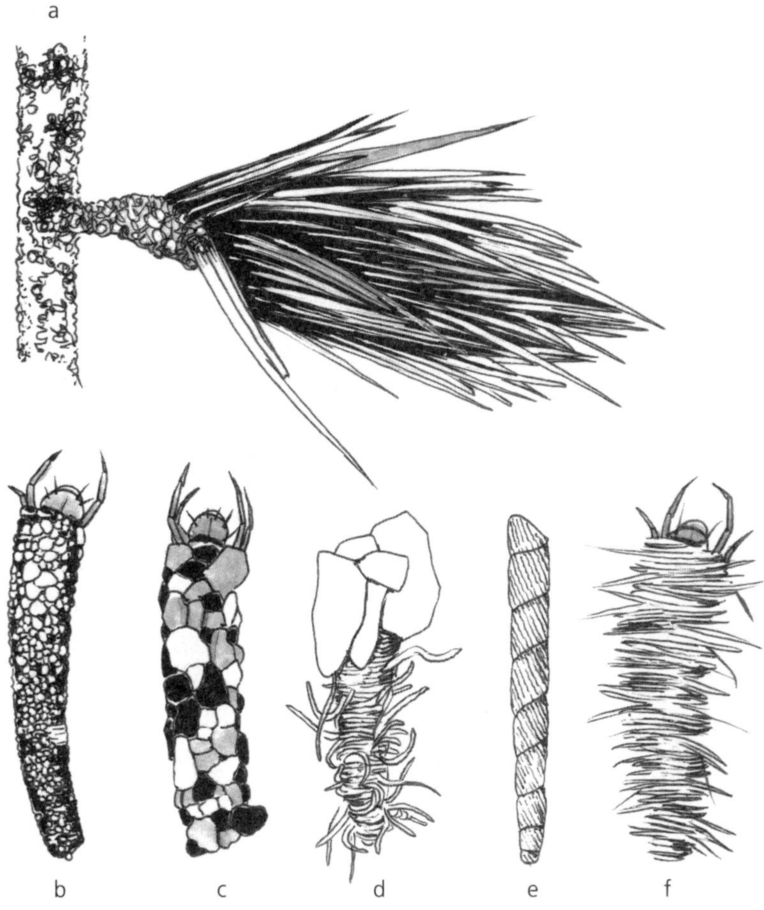

Abb. 18: Köcher von Larven holometaboler Insekten.
a. Echte Sackträger, b.–f. Köcherfliegenlarven: b., c. in Fließgewässern mit Köchern aus Sandkörnern, d., e., f. in stehenden Gewässern mit Köchern aus Pflanzenstückchen (nicht maßstabsgetreu).

die saubere Flussläufe brauchen, zum Tod. Das Kind, das die Köcherfliegenlarve in dem Graben gefunden hat, weiß es noch nicht. Aber sein Fund ist auch für es selbst ein gutes Zeichen.

Mehrere Geschlechter

Köcherfliegen ähneln, wie wir gerade gesehen haben, Nachtfaltern, und ihre Larven schleppen zur Tarnung Köcher hinter sich her, die sie aus Sandkörnern oder Holzstückchen zusammenbasteln. Nicht viel anders verfahren die Echten Sackträger (*Psychidae*), allerdings an Land: Die kleinen, verkannten Nachtfalter gehören in puncto Morphologie und Verhalten zu den auffälligsten Schmetterlingen. Viele Arten sind parthenogenetisch, vermehren sich also eingeschlechtlich: Die Weibchen legen unbefruchtete Eier, aus denen die nächste Generation schlüpft. Andere pflanzen sich sowohl parthenogenetisch als auch zweigeschlechtlich fort, wieder andere kennen drei Erscheinungsformen: zwei parthenogenetische und eine zweigeschlechtliche, mit Männchen und Weibchen. Die beiden parthenogenetischen Formen unterscheiden sich lediglich auf genetischer Ebene: Die Gene kommen in zwei beziehungsweise vier Kopien vor. Bei den parthenogenetischen und häufig selbst bei den zweigeschlechtlichen Arten sind die Weibchen flügellos und haben wenig mit unserem Bild vom Nachtfalter zu tun. Sie sehen eher aus wie winzige Schaben oder Zikadenlarven.

Bei den parthenogenetischen Formen legen die Weibchen die Eier offenbar sofort nach der Metamorphose ab. Sie haben keine Zeit zu verlieren. Und was sollen sie ohne Flügel und echte Mundwerkzeuge auch anderes mit ihrer Zeit und Energie anfangen? Warten heißt, möglicherweise gefressen zu werden, und dann waren alle Anstrengungen der Raupe umsonst. Auch die geflügelten Weibchen haben nur schwach ausgebildete Flügel, und kein Weibchen besitzt, wenn überhaupt, mehr als rudimentäre Mundwerkzeuge. Die Männchen, falls vorhanden, haben hingegen starke Flügel. Sie müssen die Weibchen finden und befruchten. Doch sie fressen ebenso wenig. Und nach der Paarung sterben sie. Auch in diesem Fall ist der adulte Falter nur Keimzellenträger. Er lebt im Schatten der Raupe.

Wenn die Miniraupen aus den befruchteten oder unbefruchteten Eiern schlüpfen, spinnen sie sich sofort aus Sandkörnern, Holzstückchen, trockenem Laub, Moos und Exuvien einen Sack. Die genaue Art zu bestimmen, ist häufig schwierig, da die morphologischen Unterschiede innerhalb der Echten Sackträger oft minimal sind. Zur Bestimmung dienen darum häufig Machart, Materialien, Form und Größe des Sacks. Würde man bei Vögeln oder Spinnen so vorgehen, müsste man die Art anhand von Nestern bzw. Netzen bestimmen. Die Miniraupen werden den Sack ihr Leben lang nicht verlassen, einen anderen Schutz vor Räubern haben sie nicht. Und der Trick funktioniert. Wie soll ein Vogel auch im Gras einen fünf Millimeter großen Gras-Sack oder auf sandigem Boden einen Sack aus Sand finden? Das ist die Stecknadel im Heuhaufen.

Wenn die Raupen fleißig Blätter, Algen, Detritus, Moos und Flechten fressen, wachsen sie und müssen ihren Sack vergrößern. Ihr Leben hört sich anstrengend an, aber das sind wohl nur unsere Vorstellungen. Gegen Ende des Sommers suchen sie sich eine geschützte Stelle und verpuppen sich, immer noch im Sack. Manche Arten, etwa in Norditalien, harren so lange aus, bis der Schnee im Frühling taut. In Erdritzen, an Steinen oder Baumrinden gut versteckt, überleben sie trotz Eis und Schnee. Eine beachtliche Leistung für ein so winziges Tier.

Echte Sackträger haben dasselbe Problem wie Große Glühwürmchen. Wie sollen sie sich verbreiten, wenn die Weibchen eher Larven sind, die befruchtete oder unbefruchtete Eier ablegen? Die winzigen Weibchen können sich kaum fortbewegen, aber trotzdem sind manche Arten weitverbreitet. Wie ist das möglich? Ein Schlüssel für den Erfolg der Insekten sind ihre Flügel. Dank ihnen konnten sie die abgelegensten Inseln, Wüsten und Gebirge besiedeln. Und schier unglaublich viele Arten hervorbringen. Unterschiedliche Lebensräume erfordern unterschiedliche Anpassungsstrategien und lassen genetische Varianten und neue Arten entstehen. Aber wieso haben die neotenischen Insekten und flügellosen Weibchen dann auf den Schlüssel ihres Erfolgs verzichtet? Worauf verlassen sie sich zur Verbreitung ihrer Art? Eine These besagt, dass die Larven von Vögeln gefressen und, wie Pflanzensamen, unbeschädigt irgendwo wieder ausgeschieden werden. Aber wozu dann die perfekte Tarnung? Wollten die Weibchen gefressen werden, würden sie sich doch nicht in einem kaum zu findenden Sack verstecken. Die Beeren von Weißdorn oder Eibe sind nicht umsonst rot. Sie sollen Vögel anlocken. Jedenfalls ist kaum anzunehmen, dass das System bei allen flugunfähigen oder schlecht fliegenden Insekten funktioniert. Aber wie machen sie es dann? Oder kennt die Antwort nur der Wind?

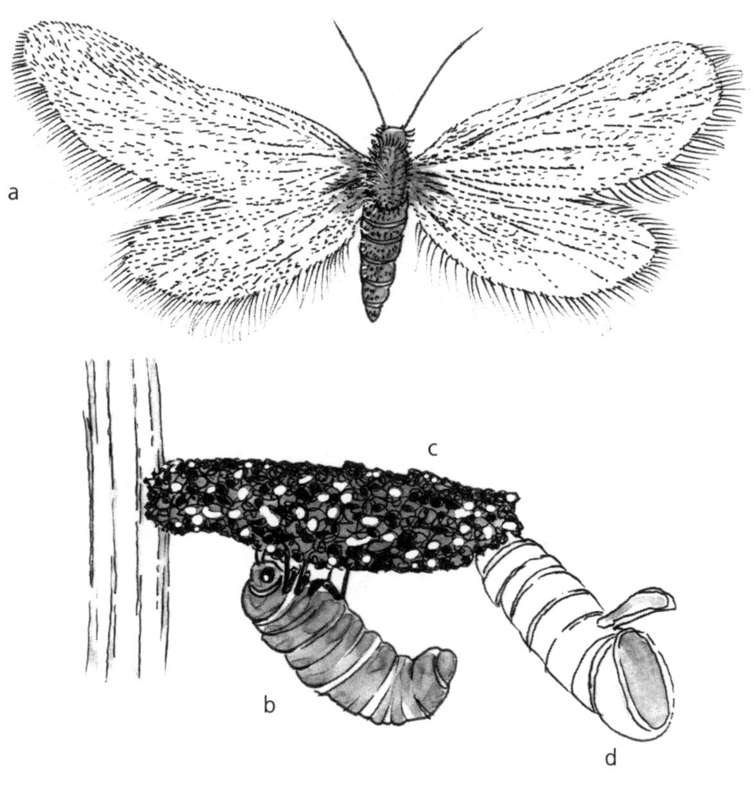

Abb. 19: Echte Sackträger (*Psychidae*): a. geflügeltes Männchen. b. neotenisches Weibchen, c. sackartige Hülle, d. Reste der Puppe.

Hübsche Schmarotzer

Die kleinen, weitverbreiteten und in großer Anzahl auftretenden Bläulinge (*Lycaenidae*) sind, neben den Edelfaltern, mit rund 6.000 Arten die artenreichste Schmetterlingsfamilie. 40 Prozent aller Schmetterlingsarten weltweit sind Bläulinge. Ihren Namen verdanken sie den oft blauen Flügeloberseiten der Männchen. Aber zur Familie gehören genauso orangefarbene Feuerfalter. Wie bei Schmetterlingen üblich, schlüpfen aus ihren Eiern Raupen. Aber diese Raupen sind anders als die anderer Schmetterlinge. Schmetterlingsraupen sind, wie wir wissen, meistens Pflanzenfresser mit gesegnetem Appetit. Manche fressen verschiedene Pflanzen, andere nur eine bestimmte (Monophagie). Die Lieblingspflanze der Raupe ist dabei nicht unbedingt die, deren Blüten der Schmetterling liebt. Die Raupe des Admirals, der Lavendelnektar liebt, verschlingt endlos Brennnesseln und Glaskraut, die Raupe des schönen Flieder-liebenden Schwalbenschwanzes wilden Fenchel. Die Raupe des riesigen Erdbeerbaumfalters entwickelt sich, wie der Name verrät, im Erdbeerbaum, aber der Falter giert nach vergorenen Feigen. Aber es gibt auch originellere Raupen, bei denen Wachs, Wolle, Mehl, Schokolade, Kot oder Holz auf dem Speiseplan stehen. Manche sehr winzige Raupen verbringen ihr gesamtes Leben in einem dünnen Pflanzenblatt. Andere haften an Trieben, Knollen, Pilzen oder Flechten. Die „Würmer" in Kirschen und Pfirsichen sind in Wahrheit Nachtfalterraupen. Und dann sind da noch die Bläulinge. Viele Arten verfolgen eine Strategie, die auch sonst bei Insekten vorkommt, aber in der Bläulingsfamilie besonders häufig ist: die Myrmekophilie. Wörtlich bedeutet dies, dass sie Ameisen lieben, aber wie wir sehen werden, hat das, was die Bläulingsraupen tun, mit Liebe wenig zu tun.

Ihr Leben beginnt wie das jeder Raupe. Die Weibchen legen auf einer Nahrungspflanze Eier ab, die frisch geschlüpften Raupen fressen das Blatt, auf dem sie sitzen. Ein paar Wochen lang führen sie ein typisches Raupenleben, wachsen schnell, häuten sich ein paar Mal, aber dann entfernen sie sich vom Bild der klassischen Raupe, werden flach, ihr Kopf winzig, kaum sichtbar, sehen sie ein wenig aus wie grüne Asseln. Und wenn man genauer hinschaut, fällt noch etwas auf: Am siebten Hinterleibssegment entdeckt man eine Tasche mit Drüsen, am achten Segment zwei kleine bewegliche Röhrchen mit Borstenbüscheln. Auch anderswo am Hinterleib befinden sich kleine, kaum sichtbare Drüsen. Die Drüsen und Röhrchen sondern Lockstoffe für Ameisen ab. Die Raupen sind also auf Ameisensuche. Demselben Zweck dient auch der Honigtau der Blattläuse. Er zieht Ameisen an, die die Blattläuse „melken" und sie im Gegenzug vor Marienkäfern schützen. Auch der Mensch begehrt den Honigtau der Blattläuse in Form von Waldhonig, allerdings sollte man nicht überall herumerzählen, dass er zuvor durch Blattlausgedärme gegangen ist. Bei den Bläulingen liegen die Dinge komplizierter. Die Ameisen, offenbar von den Raupenstoffen betört, melken sie nicht nur, sondern bringen oder begleiten sie in ihren Staat. So wie die Trojaner das berühmte Pferd, in dem Odysseus und seine Männer versteckt waren. Die Ameisen werden durch die Hormone und auch Geräusche der Raupen offenbar verwirrt und glauben, es handele sich um eigene Larven.

Ist die Raupe wohlbehalten im Ameisenhaufen angekommen, lässt sie die Maske fallen. Die Myrmekophilie wird zur Myrmekophagie: Ab nun verspeist sie Ameisenlarven und -puppen. Sie wird zum Räuber, und unglaublich, aber wahr: Die Ameisen lassen sie gewähren. Die betrügerische Raupe kann das Verhalten der Ameisen manipulieren. Sie gedeiht prächtig, häutet sich ein letztes Mal, verpuppt sich, macht in der schützenden Wärme des Ameisenhaufens die Metamorphose durch, verlässt schnell den Bau und fliegt frei und zufrieden davon. Nicht alle Bläulingsraupen verhalten sich allerdings so: Es gibt reine Pflanzenfresser, Raupen mit nicht obligatorischer Myrmekophilie, mit Myrmekophilie soft, wo sich die Raupen wie die Blattläuse mit dem Schutz durch die Ameisen im Austausch gegen Honigtau begnügen, es gibt erbarmungslose Myrmekophagie und schlicht und ergreifend Räuber, die Blattläuse und andere kleine Insekten fressen. Und es haben auch nicht alle Raupen Drüsen und Borsten am Hinterleib. Bei 6000 Arten wäre es auch seltsam, wenn alle gleich wären.

Aber wie hat sich die Myrmekophagie bei den Bläulingslarven entwickelt? Denkbar ist, dass alles mit der reinen Myrmekophilie begann, also einem klassischen Fall konvergenter Evolution mit den Blattläusen: Ich sondere einen Stoff ab, den du magst, und du schützt mich dafür vor Räubern und Parasiten. Das wäre eine Symbiose wie viele andere auch: Ameise und Blattlaus, Ameise und Bläulingsraupe. Doch einige Arten gingen einen Schritt weiter: Sie schafften es, ihre Gastgeber mit chemischen Stoffen zu verwirren und sich in den schützenden Ameisenhaufen bringen zu lassen. Auch das gelingt vielen anderen Insekten, aber sie begnügen sich mit Kost und Logis. Doch warum dann nicht noch einen Schritt weitergehen? Soll man diese Fett- und Proteinvorräte etwa links liegen lassen? Natürlich nicht. Dazu muss man nur noch die Ameisen ausschalten, dann ist die Sache geritzt. Genauso wie menschliche Diebe Wohnungsbesitzer betäuben, um in Ruhe alles auszuräumen. Aber man darf es natürlich nicht übertreiben. Der Schmarotzer darf seinem großzügigen Herbergsvater nicht nachhaltig schaden. Also nur wenige Raupen und viele Ameisen, damit sich der Schaden in Grenzen hält. Jede Bläulingsart mit Myrmekophilie hat ihre bevorzugte Ameisenart, auf die ihr chemischer Stoff zugeschnitten ist. Zwischen beiden besteht ein sorgfältig austariertes und bewährtes Gleichgewicht. Jagd, Parasitentum, Kommensalismus, Symbiose: Bei den Bläulingen befinden wir uns in einem Zwischenreich der Nahrungssuche. Bei anderen liegt der Fall meist sehr klar, bei vielen Bläulingsarten nicht: Myrmekophilie und Pflanzen oder nur Pflanzen, erst Pflanzen, dann nur noch Ameisenlarven. Wieder einmal ist alles sehr komplex, schwer einzuordnen und im Übrigen noch nicht völlig erforscht.

Das komplexe Zusammenleben zwischen Ameisen und Bläulingsraupen spielt sich in Millimetermaßstäben ab, außerhalb unseres Wahrnehmungsbereichs und zudem gut versteckt. Doch den Anblick der weitverbreiteten adulten Bläulinge könnten wir leicht genießen. In den Bergen oder bei einem Picknick sind sie wohl jedem schon einmal begegnet, aber wer hat schon einmal wirklich hingeschaut, wie sie einen Tümpel, Blüten oder einen frischen Kuhfladen umflattern? Wir technologiebegeisterten, hochvernetzten großen Säugetiere erfassen in Sekunden Informationen über Dinge in aller Welt, aber schauen nicht mehr auf das, was vor unseren Füßen passiert. In Anlehnung an Einstein könnte man sagen, dass sich unsere Unwissenheit auf immer näher liegende Welten ausdehnt.

Unendliche Larvenvielfalt

Es gibt eine Ordnung von Insekten, deren Vielfalt an Larvenformen von keiner anderen Gruppe erreicht wird: die Zweiflügler (*Diptera:* Fliegen und Mücken). Käfer kennen unterschiedliche Larventypen; im Verhältnis zu ihren 170 Familien mit 400.000 Arten ist die Variationsbreite aber relativ gering. Bedenkt man, dass Käfer die größte Ordnung im Tierreich sind, ungefähr ein Drittel aller bekannten Tierarten ausmachen und artenzahlenmäßig alle Meerestierarten zusammengenommen überflügeln, weisen sie bei den Larventypen also eine große Gleichförmigkeit auf. Ganz zu schweigen von den Schmetterlingen. Von Größe, Färbung und wenigen Details abgesehen, sind die Raupen im Grunde alle gleich aufgebaut. Nicht anders sieht es bei den Maden und Engerlingen der Hautflügler und erst recht bei kleineren Insektengruppen mit vollständiger Metamorphose aus.

Ganz anders bei den Zweiflüglern. In dieser Ordnung hat sich die Evolution ausgetobt, besonders bei den Larvenstadien. Man unterscheidet die beiden Unterordnungen *Nematocera* (Mücken) mit langen Fühlern und *Brachycera* (Fliegen) mit kurzen Fühlern. Zur ersten gehören, grob gesagt, Schnaken, Stechmücken und andere Mücken, zur zweiten Fliegen und Bremsen. Die insgesamt 120.000 Zweiflüglerarten bevölkern die ganze Welt, alle Breitengrade, ob Süßwasser oder Land. Das einzige ursprünglich in der Arktis ansässige Insekt ist die flügellose Zuckmücke *Belgica antarctica*. Auch die wenigen Meeresinsekten, die es gibt, gehören zu den Zuckmücken (Gattung *Pontomyia*). Mücken haben größtenteils aquatische Larven, sind amphibisch und machen eine vollständige Metamorphose durch. Fliegenlarven entwickeln sich hingegen überall, im Wasser, an Land, in Exkrementen, Aas, faulenden organische Substanzen. Sehr viele Fliegenarten sind als Larve Parasit oder Raubparasit und als adultes Tier Blumenliebhaber. Doch ob Mücke oder Fliege, bei allen Zweiflüglern sind nur die Vorderflügel der üblicherweise vier Insektenflügel ausgebildet, das zweite Flügelpaar wurde in Stummel, sogenannte Halteren, umgebildet, die im Flug als Gleichgewichtsorgan fungieren. Viele Zweiflügler können zudem auf Mensch und Nutztiere schwere Krankheiten übertragen, spielen also für Volksgesundheit und Wirtschaft eine große Rolle.

Zuckmücken an Bord

Ich will etwas über Larven erzählen, und da fange ich am besten mit den Larven der Zuckmücken *Belgica* und *Pontomyia* an. Zuckmücken sind die Mücken, die im Sommer hoch aufgetürmte Schwärme bilden und über die Feuchtgebiete tanzen. Im Gegensatz zu den Stechmücken sind sie vollkommen harmlos. Sie können einem höchstens mal ins Auge geraten und bei empfindlichen Menschen Allergien auslösen. In den Schwärmen paaren sich zu Tausenden Männchen und Weibchen. Die Männchen kann man leicht an den langen, gefiederten Fühlern erkennen. Sind die Eier befruchtet, legen die Weibchen sie umgehend in stehendem Gewässer ab, ihrem Lieblingshabitat. Die Larven mancher Arten entwickeln sich im feuchten Gelände oder in faulenden Pilzen, aber die meisten brauchen Wasser. Wenn sie schlüpfen, sind sie madenförmig, im letzten Larvenstadium einige Zehntelmillimeter breit und einen Zentimeter lang. Man findet sie am Grund von Tümpeln und Teichen, im Schlamm oder zwischen den Pflanzen. Sie filtrieren dort

Bakterien und zerfallende organische Stoffe. So wie andere Larven, Nymphen, Krebse, Muscheln und Würmer gehören sie zum Makrozoobenthos, den mit bloßem Auge sichtbaren tierischen Organismen am Grund von Gewässern.

Die zahlreichen Arten der Zuckmücken-Gattung *Chironomus* haben sehr spezielle Larven, allein schon durch ihre rubinrote Färbung. Wieso das? Der Boden von Tümpeln und Gräben ist schließlich kein Korallenriff, sondern braun, mit grünen Algen und Pflanzen. Die meisten Larven und Nymphen im Wasser sind selbst braun oder grünlich gefärbt. Warum sind die *Chironomus*-Larven also rot? Sie haben sich an stehende, sauerstoffarme Gewässer, aber mit reichlich organischen Stoffen angepasst. Man findet sie in den schmutzigsten Gräben, sogar in der Kanalisation. Wie kann man dort den wenigen freien Sauerstoff einfangen und überleben? Wo Kiemen und Trancheen nicht reichen, kommt die Chemie ins Spiel: *Chironomus*-Zuckmücken besitzen, wie wir Wirbeltiere, Hämoglobin. Hämoglobin ist ein rotes Protein, das sehr leicht Sauerstoff bindet. Darum können unsere roten Blutkörperchen, die reichlich Hämoglobin enthalten, den Sauerstoff aus der Lunge in unsere Zellen transportieren. *Chironomus*-Zuckmücken haben weder echtes Blut noch Blutkörperchen oder einen geschlossenen Blutkreislauf, aber sie sind winzig und der Sauerstoff gelangt leicht aus der Hämolymphe (dem „Insektenblut“) in das Gewebe. In verschmutzten, sauerstoffarmen Gewässern überleben Zuckmücken darum häufig als einzige, manchmal gemeinsam mit den *Naididae*, kleinen Ringelwürmern aus der Ordnung der Wenigborster. Die Nymphen von Stein- und Eintagsfliegen zeugen von guter Wasserqualität, die „roten“ Zuckmücken vom Gegenteil: verschmutztes Wasser, geringer Sauerstoffgehalt, eine Brühe, die ohne Hämoglobin keiner überlebt.

Pontomyia, eine der seltenen Gattungen echter Meeresinsekten, gehört ebenfalls zu den Zuckmücken. Ihre Larven entwickeln sich auf Algen, die auf Meeresschildkrötenpanzern wachsen. *Pontomyia* ist, wenig überraschend, noch nicht vollständig erforscht. Es ist etwas anderes, ob ich einen Elefanten oder ein winziges Insekt in den Weiten der Ozeane beobachte. *Pontomyia* hat jedenfalls eine Nische ohne Konkurrenz gefunden: Meeresinsekten sind rar, warum, ist noch nicht eindeutig geklärt. Immerhin haben Insekten Land und Süßwasser erobert und stechen dort in puncto Artenvielfalt alle anderen aus. Hängt es mit dem Salzwasser und ihrer Größe zusammen? Fehlen den Insekten, die seit jeher an Land leben, die physiologischen Voraussetzungen für das Meer? Doch Stechmücken wie *Ochlerotatus mariae* legen ihre Eier in Felstümpeln an der Küste ab, die durch Verdunstung hochsalzig sind. Die Larven entwickeln sich quasi in Salzlake. Liegt es also an der Konkurrenz, den Krebstieren? Die Krebstiere aus dem Stamm der Gliederfüßer besitzen ähnliche Eigenschaften wie die Insekten und sind in den Meeren ähnlich weit verbreitet wie die Insekten an Land. Gab es für weitere Gliederfüßer vielleicht keine freie Nische mehr?

Wie auch immer, bei den Meeresinsekten gibt es nur wenige Dutzend Arten. Sie gehören zur Gattung *Pontomyia* oder zu den Meerwasserläufern, einer eng mit den Wasserläufern, die im Sommer über unsere Flüsse und Teiche laufen, verwandten Unterordnung der Wanzen. Doch wie die Hummel einer Theorie zufolge zum Fliegen eigentlich zu schwer ist und zu kleine Flügel hat, aber trotzdem fliegt, weil sie davon nichts weiß, geht es den *Pontomyia*-Mücken auf dem Meeresschildkrötenpanzer prächtig. Die Hyperspezialisierung hat allerdings ihren Preis: Das adulte Tier, das aus der Metamorphose hervorgeht, ist flügellos und lebt nicht lange. Flügel bei einem so winzigen Tier wären im offenen Meer vollkommen sinnlos. Geflügelte Insekten fliegen, um sich zu verbreiten und einen Partner zu finden, im offenen Meer geht weder das eine noch das andere. Also weg mit allen überflüssigen Energieräubern. Energie darf nicht verschwendet werden. Auch Mundwerkzeuge brauchen die adulten Tiere nicht, sie fressen nicht. Dafür bleibt keine Zeit. Männchen und Weibchen paaren sich und sterben. Das Männchen besitzt allerdings lange Fühler, mit denen es nach Weibchen tastet, die es, so vermute ich, auf demselben Schildkrötenrücken findet. Hat es eins gefunden, schwimmt es mit seinen Flügelstummeln zu ihm. Nach der Paarung ist sein Leben vorbei. Insgesamt hat es drei Stunden zur Verfügung. Das Weibchen lebt ein wenig länger, es legt erst die Eier ab und stirbt dann. Die Weibchen sind neotenisch, bleiben also larvenförmig. Warum sich in ein geflügeltes Insekt verwandeln, wenn für Paarung und Eiablage nur ein paar Stunden bleiben? Auch hier: Energieverschwendung.

Die winzigen, noch dazu flügellosen Zuckmücken der Gattung *Pontomyia* sind im ganzen Westpazifik verbreitet. Für ihre Verbreitung sorgen die Meeresschildkröten, die unermüdlich auf Wanderschaft sind. Und eventuell nutzen *Pontomyia*-Mücken die Gelegenheit, bei der Paarung zweier Schildkröten ihrerseits ihre Gene auszutauschen. Doch es bleiben Fragen. Wie schaffen es die Winzlinge, im Meer zu überleben, wenn dieses etwa durch seinen Salzgehalt ein Hindernis für die Ausbreitung von Meeresinsekten darstellt? Oder andersherum: Wieso haben nur so wenige Arten das Meer als Lebensraum erobert, wenn dem nicht so sein sollte? Reicht die Konkurrenz mit den Krebstieren als Erklärung aus?

Ebenfalls zu den Mücken gehören die eleganten Lidmücken. Mit ihren großen Flügeln und sehr langen Beinen ähneln sie ein wenig Schnaken. Sie sind allerdings selten, an den Fließgewässern sieht man sie kaum. Die Larven leben im Wasser und erinnern an Außerirdische: An einem flachen Körper aus schmalen, länglichen Segmenten wie bei einem Doppelkamm sitzt ein riesiger, runder Kopf, daran zwei große, lange Fühler. Doch eigentlich besteht der „Kopf", wie der Cephalothorax der Garnelen, aus echtem Kopf, Brust und erstem Hinterleibssegment. Es folgen die anderen neun Hinterleibssegmente, von denen allerdings nur sechs sichtbar sind, die letzten vier sind zu einem zusammengewachsen. An jedem Segment befindet sich ein seitlicher Haken. Das Ganze sieht ein wenig wie eine Assel aus, die im Wasser lebt, oder wie eine platte Raupe; die seitlichen Fortsätze erinnern an Afterfüße. Doch die Larve ist wie alle Zweiflüglerlarven fußlos.

Ihre eigentliche Besonderheit findet sich unter dem Hinterleib. Jedes der neun Segmente ist mit einem großen Saugnapf ausgestattet, ähnlich wie ein Tintenfischsaugnapf. Mit flachem Körper, Haken und Saugnäpfen hat die Larve alles, was sie für ein Leben in kalten, schnell fließenden Bächen mit steinigem Untergrund braucht. So winzig und quasi gewichtlos, wie sie ist, hält sie Strömungen stand, die einen Menschen umreißen würden. Die Larven mancher Stein- und Eintagsfliegen, die dasselbe Habitat bewohnen, sind ähnlich geformt, aber Saugnäpfe besitzen nur die Lidmückenlarven. Das ist nicht nur unter Zweiflüglern, sondern Gliederfüßern überhaupt einzigartig. Die Larve, die ein Leben gegen den Strom führt, knabbert mit ihren robusten Mundwerkzeugen Algen und Bakterien vom Stein. Nach mehreren Häutungen verpuppt sie sich, und auch die Puppe ist natürlich flach mit Saugnäpfen, sonst würde sie sofort mitgerissen und zerfetzt. Nach der Metamorphose entsteigt der Puppe ein anmutiges Insekt mit Augen, die ähnlich zweigeteilt sind wie bei Eintagsfliegen. Doch Gewässerverschmutzung und Wasserentnahmen zerstören das Habitat der Larven. Lidmücken sind selten geworden. Ihre Anwesenheit ist also ein Zeichen für gute Wasserqualität. Mit großem Bedauern sehe ich auf der Liste der Fauna Italiana, dass sechs der 13 italienischen Arten bedroht sind. Vier davon sind endemisch, das heißt, sie leben nur in wenigen Bächen bestimmter Regionen. Wenn diese Populationen verschwinden, ist die Art für immer ausgestorben.

Mimikry als Strategie

Auch die Familie der Waffenfliegen hat besonders auffällige Larven. Sie leben im Wasser und sind bei vielen Arten fußlos, zusammengedrückt, mit kleinem, im Rumpf verborgenem Kopf und robustem, verdicktem, panzerähnlichem Exoskelett. Das letzte Hinterleibssegment verjüngt sich zu einer Röhre, die in einem Borstenkranz endet. In seiner Mitte liegen die Atemöffnungen. Am Unterleib sitzen zudem Haken, mit denen sich die Larve an Wasserpflanzen verankern kann. Die Larven haben keine Kiemen, sondern atmen wie Stechmückenlarve und die anderer amphibischer Insekten Luft an der Wasseroberfläche. Sie können sich daher auch in verschmutzten Gewässern entwickeln und in Nischen überleben, die anderen Insekten verwehrt sind. Zum Atmen verlassen sie den Grund, steigen auf, öffnen den Borstenkranz und legen ihn aufs Wasser. Entlang der wasserabweisenden Borsten wird die Luft eingesaugt und gelangt zu den Atemöffnungen.

Die Larve ernährt sich von Algen und organischen Stoffen. Nach – je nach Art – sechs bis zehn Häutungen verpuppt sie sich, und zwar auf einzigartige Weise: Als Puppe, in der die Metamorphose stattfindet, dient einfach die letzte Exuvie. Die Puppe entspricht, trotz anderen Ursprungs, dem Kokon der Schmetterlinge. Das adulte Insekt ernährt sich von Nektar und hat keinerlei Verbindung mehr mit dem Wasser, dem es entstiegen ist. Allerdings legt das Weibchen die Eier dort ab. Waffenfliegen sind wunderschön leuchtend oder manchmal schimmernd gefärbt. Um Jäger einzuschüchtern, ahmen sie oft das Gelb und Schwarz der Wespen nach. Ein simpler Trick, doch Vögel, Frosch oder Eidechse sind so klug, auf Nummer sicher zu gehen und sich woanders umzuschauen.

Schwebfliegen, eine Familie mit ebenfalls interessanten Larven, verfolgen dieselbe Strategie. Wie die Waffenfliegen sind die adulten nektarsaugenden Schwebfliegen in ihren leuchtend gelb-schwarzen Tarnfarben weitverbreitet und wichtige Bestäuber. *Milesia crabroniformis*, eine große, bis 2,5 Zentimeter lange Schwebfliege, imitiert perfekt eine Hornisse. Alles stimmt, die Farbe, selbst der unverwechselbar langsame, geräuschvolle Flug. Ich habe schon viele gesehen, aber jedes Mal hatte ich Mühe zu erkennen, ob es sich um eine Schwebfliege oder eine Hornisse handelte.

An dieser Stelle bietet es sich an, einen kurzen Blick auf die Strategie der Mimikry zu werfen. Sehr viele Tierarten – harmlose Insekten, Fische, Amphibien, Reptilien und andere – ahmen giftige Arten nach. So laufen sie weniger Gefahr, gefressen zu werden. Doch ihre Strategie kann nur aufgehen, wenn der Jäger den Zusammenhang zwischen Gefahr und

Färbung leicht herstellen kann und die Zahl der Betrüger gering ist. Ein Rotkehlchen kann die Hornisse und ihre Nachahmer nur meiden, wenn es sie von anderen unterscheiden und sich ihr Aussehen leicht einprägen kann. Für Vögel, die scharfe Augen haben, sind gelb-schwarze Streifen leicht zu merken. Frisst ein junges Rotkehlchen eine Hornisse, kann zweierlei passieren: a) Die Hornisse sticht zu, und das Rotkehlchen stirbt, b) Die Hornisse sticht zu, aber das Rotkehlchen überlebt und assoziiert die Färbung der Hornisse in Zukunft mit Schmerz. Wie soll sie das gelb-schwarze Insekt je vergessen können? Begegnet es nun einer Schwebfliege, wird es diese ebenfalls meiden. Wenn es allerdings zu viele Nachahmer gibt, besteht die Gefahr, dass das Rotkehlchen einen harmlosen Nachahmer frisst und die Färbung nicht mit Gefahr assoziiert. Es wird weiter freudig falsche Hornissen fressen, bis es auf eine echte, aber möglicherweise die letzte trifft. Hiermit ist niemandem gedient. Die Nachahmer müssen also wesentlich weniger zahlreich sein als ihre Vorbilder. Und nicht nur das. Um im Rotkehlchengedächtnis haften zu bleiben, sollten die Warnfarben besser immer dieselben seien. Darum zeigen manchmal zighundert Arten ein ähnliches Mimikryphänomen. Mit Nachahmern und Vorbildern, die alle dieselbe Sprache sprechen, und Jägern, die sich die Warnsignale leicht merken können. Wie wir und die Ampel. „Rot" bedeutet überall auf der Welt Stopp. Aber Tiere, die über eine einprägsame Warnfarbe verfügen, „wissen" das natürlich nicht. Sie werden von der natürlichen Selektion begünstigt, weil sie nach einer schlechten Erfahrung von Räubern leicht wiederzuerkennen sind, also seltener gejagt werden und das überlebensfördernde Merkmal an die nächsten Generationen weitergeben. Mit der Zeit verstärkt und perfektioniert sich das Merkmal dann weiter.

Doch zurück zu den Larven. Schwebfliegenlarven entwickeln sich in verschiedenen Umgebungen und haben unterschiedliche Ökologien. Grob gesagt, gibt es im Wasser lebende Larven, die sich von verwesenden organischen Stoffen ernähren, und an Land lebende Larven, die sich entweder von sich zersetzenden organischen Stoffen, Pflanzen oder Pilzen ernähren oder Räuber und Parasiten sind. Die Larven sind fußlos, zylindrisch und oft mit Dornen und Borsten bestückt. Die im Wasser lebenden Larven, etwa aus der Gattung der Mistbienen, besitzen eine unverwechselbare „Rattenform", einen wurstförmigen Körper mit langem, dünnem, beweglichem Schwanz, und heißen Rattenschwanzlarven. Der Schwanz ist der Atemschlauch, dank dem die Larven, wie bei den Waffenfliegen, auch in verschmutzten Gewässern, Abwasserrohren oder sogar in Jauche und Mist überleben. Organische Substanzen und Bakterien, die sie filtrieren, finden sie dort reichlich. Wenn Menschen oder Tiere versehentlich eine Mistbienenlarve mittrinken, kann dies zur Fliegenmadenkrankheit (Myasis) im Darm führen. Auf die Myasis komme ich bei den Parasiten noch zu sprechen.

Die Larven etwa der Gattung *Eumerus*, die sich von Detritus oder Pflanzen ernähren, sitzen dagegen wie Schmetterlingsraupen auf Blättern. Doch ihre Mundwerkzeuge sind weder zum Filtrieren noch Kauen geeignet, sondern bilden eher einen Haken. Wie Schnecken mit ihrer Raspelzunge raspeln sie ihre Nahrung ab. Manche Larven attackieren Pflanzen, die von Pilzmyzelien durchzogen sind, andere minieren Blätter, Stängel und Wurzeln, wieder andere leben in Zwiebeln von Liliengewächsen oder als Minierer in Blättern von Sukkulenten wie Dickblattgewächsen.

Am interessantesten sind wohl die Schwebfliegen mit räuberischen oder parasitären Larven. Zur Gattung *Volucella* etwa gehören mehrere Schwebfliegenarten mit sehr speziellem Verhalten. Die adulten Insekten sind als Nachahmer so gut wie unübertroffen, sie täuschen selbst ihre Vorbilder. Die Weibchen der Gemeinen Waldschwebfliege (*Volucella pellucens*) etwa dringen ungestört in die Nester von Gemeiner und Deutscher Wespe ein, legen dort ihre Eier ab und fliegen dann davon. Wenn die Larven schlüpfen, zögern sie nicht, unter Wespenlarven und -puppen gründlich aufzuräumen, und fressen, wo sie schon dabei sind, auch gleich die Reste wie tote Wespen oder Insekten, die zufällig ins Nest geraten sind. Wenn die Wespen das Nest im Herbst aufgeben, laben sich die Larven an den letzten sterbenden Wespen und verlassenen Puppen. Sind sie dann groß genug, verlassen sie das Wespennest, verpuppen sich in der Erde und tauchen im Mai schließlich wieder als Schwebfliegen auf.

Auch die Hummel-Waldschwebfliege (*Volucella bombylans*) beherrscht die Mimikry perfekt. Von den drei Arten, die wir kennen, ahmt jede eine andere Hummel nach. Die Larven schlüpfen in Hummelnestern, wo sie wie die der Gemeinen Waldschwebfliege ungestört marodieren und sich von organischen Abfällen sowie den Larven ihres Gastgebers ernähren. Die Hornissenschwebfliege (*Volucella zonaria*) wiederum ahmt wie *Milesia crabroniformis* die Hornisse nach. Auch ihre Larven leben auf Kosten von Hornissen und Wespen, sind aber weniger räuberisch, sondern reinigen eher das Nest. Die Larven anderer Schwebfliegen hingegen jagen Insekten. Die Larven der Großen Schwebfliegen (Gattung *Syrphus*) lauern beispielsweise auf Blüten und Blättern und warten auf kleinere Insekten. Obwohl ohne Beine und Augen, packen sie blitzschnell mit den Mundwerkzeugen zu, zerreißen das Opfer mit einer Art Stilett und verspeisen es. Die Larven vieler Großer Schwebfliegen sind auf Blattläuse spezialisiert, schützen also auch die Pflanzen. Haben sie sich satt gefressen, verpuppen sie sich und vollenden, an einer Pflanze hängend, ihre Metamorphose.

Die Schwebfliegen werfen Fragen auf. Die Evolution hat hier zu relativ gleichförmigen adulten Tieren geführt, sich bei den Larven aber ausgetobt: Filtrierer, Pflanzenfresser, Pilzfresser, Räuber, Parasiten und Mitbewohner von Wespen, Insektenjäger. Wo und wie haben sich all die unterschiedlichen Larven entwickelt? Denkbar wäre, dass die adulten Schwebfliegen für ihre Nachkommen ökologische Nischen nutzten und die Eier daher an neuen Orten ablegten, aber selber unverändert weiter Wespen und Hummeln nachahmten und als Bestäuber auf Blüten lebten. Die adulten Insekten veränderten sich nicht, wohl aber ihre Larven. Interessanterweise sind die Gene, die bei den adulten Insekten zum Tragen kommen, in den Larven schon vorhanden. Obwohl sich Blattläuse fressende, pflanzenfressende und Jauche filtrierende Larven sehr stark unterscheiden, ähneln sie sich nach der Metamorphose in Morphologie und Ökologie ihrer Imagines.

Minierfliegen: die importierte Plage

Auch die Familie der Minierfliegen gehört zur Ordnung der Zweiflügler. Die unauffälligen adulten Tiere sind nur zwei bis drei Millimeter lang, die Riesen der Familie einen halben Zentimeter. Ihr Hinterleib ist spindelförmig, manchmal metallisch oder gelb, meistens aber schwarz oder braun. Sie ernähren sich von zuckerhaltigen Stoffen, im Allgemeinen von Pflanzensaft. Mit ihrem Legebohrer stechen die Weibchen zu diesem Zweck Pflanzen an. Die Männchen profitieren davon und saugen den Saft aus den gebohrten Löchern. Minierfliegen sind die am weitesten verbreiteten Minierer. Bei vielen Arten verbringen die Larven ihr ganzes Leben zwischen Blattober- und unterseite. Aber es gibt auch Minierer von Pilzen, Keimlingen, Wurzeln und sogar von Samen und Früchten. Manche Arten rufen Galläpfel hervor.

Sind Ihnen auf Blättern von Gräsern, Büschen oder Bäumen schon einmal die Schnörkel aufgefallen, die ganz schmal anfangen und immer breiter werden? Sie stammen von Minierern. Wo der Schnörkel anfängt, sitzt das Loch, das das Weibchen gebohrt hat, um direkt unter der Epidermis ein Ei abzulegen. Nach einigen Tagen schlüpft aus dem Ei eine winzige weiße Made, die sich wie ein Minenarbeiter durch den Berg oder eine Maus durch den Käse sofort durch das Blatt gräbt bzw. frisst. Je größer die Made wird, desto größer der Stollen. Je nach Art und Temperatur entwickelt sich die Made unterschiedlich schnell. Unter optimalen Bedingungen, also in tropischen Regionen, in nicht einmal einer Woche, mit drei Häutungen. Das bedeutet mehrere Generationen im Jahr. Und das gilt leider auch für Gewächshäuser. Voll entwickelt ist die Made ungefähr zwei Millimeter groß, verlässt das Blatt – schaut man genau hin, findet man am Schnörkelende ein Löchlein –, fällt zu Boden, um sich zu verpuppen, oder verpuppt sich direkt im Blatt und fliegt als adultes Tier davon. Je nach Art kann die Verpuppung wenige Tage oder mehrere Monate dauern. Insektenforscher oder Landwirte, die mit Minierfliegen zu tun haben, kennen verschiedene Fraßbilder: Gang-, Spiral-, Blasen- und Platzminen.

Minierfliegen sind für die Landwirtschaft eine echte Plage und stellen ein nicht unerhebliches wirtschaftliches Problem dar. Die meisten sind auf eine oder wenige Pflanzenarten, meist derselben Gattung, spezialisiert. Insgesamt fressen sich die 1800 bekannten Arten durch quasi jede Pflanze, auch durch wirtschaftlich bedeutsame. Die intensive Landwirtschaft unter warmen Bedingungen ist für Minierfliegen geradezu ein Paradies. Zudem sind sie durch den globalen Handel zu Kosmopoliten geworden. Zum Schaden durch ihre Fraßgänge kommt noch der Befall durch Pilze und Bakterien, die nun leicht in die Blätter eindringen können. Selbst wenn die Pflanzen nicht absterben, können sie nicht mehr als Lebensmittel oder Zimmerpflanzen verkauft werden. Wer will schon einen Salat oder eine Kamelie mit Fraßbild kaufen? Wir sprechen hier allerdings auch von den Folgen einer gierigen, alles durchdringenden Wirtschaft, für die nur die Maximierung von Profit, Produktion und Absatz zählt. In der Natur haben Minierfliegen ihre Nische; sie befallen einige Pflanzen, werden aber durch Räuber, Parasiten und den Kreislauf der Natur eingedämmt: Jahreszeiten, Regen, Trockenheit, Temperatur und die Konkurrenz schaffen ein perfektes Gleichgewicht, das die Größe der Populationen reguliert. In einem warmen Gewächshaus mit Monokultur sieht die Sache anders aus, und die Minierfliegen wissen das zu nutzen. Normalerweise würden schon allein die Entfernungen verhindern, dass die winzigen Fliegen den nächsten Kontinent erreichen. Doch der Mensch, der alles will, aber subito, immer und überall, sorgt für ihren Transport. Er importiert die fremden Arten, mit denen er dann klarkommen muss. Der Mensch hat nicht nur Minierfliegen, sondern auch Tausende anderer Arten bis in den letzten Winkel der Erde verbreitet.

Larven, Larvenmütter und -großmütter

Ich schließe diesen Überblick über Mücken, kleine und große Fliegen mit einer hinsichtlich Fortpflanzung und Entwicklung einfach unglaublichen Familie: den Gallmücken. Sie sehen ähnlich aus wie Mücken und Zuckmücken, haben aber eine völlig andere Ökologie. Viele sind gallbildend, veranlassen also Pflanzen zur Bildung von Galläpfeln, andere ernähren sich von Pflanzen, Kot oder organischen Abfällen, wiederum andere jagen (als Larven) Milben und andere Insekten. Doch besonders interessant sind die Arten, die sich von Pilzen ernähren.

Eine kleine weibliche Gallmücke findet einen reifen, noch intakten Pilz und legt umgehend ihre befruchteten Eier ab. Schon bald schlüpfen winzige weiße, sehr hungrige Maden, die sofort Gänge in den Pilz graben. Nichts Ungewöhnliches bis dahin, alle Schmetterlingsraupen und Fliegenmaden kommen auf oder in ihrer Nahrung zur Welt. Larven sollen fressen, sich häuten, wachsen und als geschlechtsreifes adultes Tier aus der Metamorphose hervorgehen. Doch die Gallmücken stellen alle Regeln auf den Kopf. Bei guten Bedingungen, etwa einem intakten Pilz, bringen die Maden in ihrem Inneren Tochtermaden hervor (Pädogenese), die sich nicht vom Pilzgewebe ernähren, sondern wie Parasiten vom Gewebe der Mutter. Während die Mutter am Pilz knabbert, fressen die Töchter die Mutter langsam von innen auf, dann verlassen sie, was von ihr übrig ist. Die Tochtermaden entwickeln in ihrem Inneren wiederum Maden. Bei *Mycophila speyeri* kann das über fünf Wochen so weitergehen, bis am Ende auf einem Quadratmeter 215.000 Maden leben. Während sich die Töchter noch in der Mutter entwickeln, tragen sie schon winzige Maden in sich, die nur darauf warten, wachsen zu können. Eine Made umfasst also drei Generationen, und die jeweils ältere opfert sich, damit die Madenpopulation exponentiell wachsen kann.

Ein im Tierreich so gut wie einzigartiges Fortpflanzungsmodell. Außer bei den Gallmücken kommt es, mit Variationen über das Thema, nur bei einer kleinen Käfergruppe und einigen Milben vor. Die Pädogenese könnte einen an eine bis zum Letzten ausgereizte Neotenie denken lassen: Mit der Geschwindigkeit einer bakteriellen Ansteckung vermehren sich die Larven noch vor der Metamorphose. Doch das ist es nicht. Bei der Neotenie vermehrt sich ein Individuum, das wie eine Larve aussieht, aber Keimdrüsen besitzt. Bei der Pädogenese pflanzen sich Larven nicht im engeren Sinne fort, denn sie sind nicht geschlechtsreif, sondern klonen sich selbst. Bei der Neotenie ist das Larvenstadium verlängert, bei der Pädogenese verkürzt. Unter dem Anpassungsaspekt ist die Pädogenese zudem geradezu die entgegengesetzte Strategie zur Neotenie: Die Gallmücken erhöhen die Madenzahl, um optimal von einer reichlichen Nahrungsquelle zu profitieren. Häutungen, Partnersuche, Paarung, Eiablage und das Warten auf neue Maden würden viel zu lange dauern. Da beeilt man sich doch besser, überspringt alle Phasen und sorgt mit einer Klonarmee, die die Nahrungsquelle plündert, selber für neue Maden. Die echte Neotenie zielt genau auf das Gegenteil: Weil die Ressourcen knapp und die Lebenszyklen daher lang sind, lässt sie die Metamorphose aus und verlängert das Larvenstadium bis ans Lebensende.

Aber was passiert, wenn die Madenarmee den Pilz vollständig verputzt hat? Chemische Signale zeigen an, dass das Fest vorbei ist. Vermehrung hat also keinen Sinn mehr. Die letzte Madengeneration bringt, hormonell gesteuert, keine Klone mehr hervor, sondern wächst normal weiter und macht die Metamorphose durch. Die adulten Gallmücken fliegen davon und tun neue Nahrungsquellen auf. Gallmücken passen ihre Fortpflanzungsart also der Situation an. Ganz ähnlich wie chemische Stoffe in den Exkrementen den Wanderheuschrecken signalisieren, dass die Nahrung knapp wird und es an der Zeit ist, auszuschwärmen und sich woanders nach Nahrung umzuschauen. Bei den Blattläusen bringen die Weibchen im Sommer hingegen durch Parthenogenese eine weibliche Generation nach der anderen hervor. Wenn Sie im Mai die Blattlauskolonien auf Ihren Rosenknospen anschauen, werden sie ein paar kräftige geflügelte Weibchen und daneben eine Schar winziger Nymphen sehen. Wenn der Sommer zu Ende geht, die Temperaturen sinken und Nahrung knapper wird, tauchen die Männchen auf, Männchen und Weibchen paaren sich und eine neue Generation entsteht, die im nächsten Jahr per Parthenogenese wieder Weibchen hervorbringt.

Dass es Arten gelingt, sogar ihre Fortpflanzungsmethode an die Ressourcenlage anzupassen, grenzt an ein Wunder. Die Larvenstadien werden verlängert und verkürzt, die Metamorphose umgangen, je nach Umweltbedingungen wechselt man von geschlechtlicher Vermehrung zu Pädogenese, zu Parthenogenese. Das Schlüsselwort der Ökosysteme lautet eben Energie: Wie uns die unglaublichen Gallmücken zeigen, muss die Sonnenenergie über die Pflanzen die Tiere erreichen und, wie und zu welchen Kosten auch immer, so effizient wie möglich in die Ökosysteme fließen.

Teil V
Parasiten

Wie wir auf den folgenden Seiten sehen werden, findet die Metamorphose bei den Parasiten zu ihrer höchsten Vollendung. Wir denken bei Metamorphose normalerweise an Raupen, denen Flügel wachsen, oder Kaulquappen, aus denen Frösche werden, dabei gibt es unzählige parasitäre, parasitoide und hyperparasitäre Land- und Meerestiere, bei denen perfektionierte Anpassungsstrategien zu hochkomplexen Lebenszyklen mit erstaunlichen Metamorphosen geführt haben. Eigentlich kaum zu glauben, dass sie „bloß“ das Ergebnis natürlicher Selektion sein sollen. Die Frage drängt sich auf, ob nicht sie in Wirklichkeit die Krone der Schöpfung sind.

Die rätselhaften *Mesozoa*

Die Gruppe der *Mesozoa* versammelt einige wurmförmige Meeresbewohner, die nur wenige Millimeter lang und allesamt Parasiten von wirbellosen Meerestieren sind. Sie werden in *Rhombozoa* und *Orthonectida* unterteilt. *Rhombozoa* leben parasitär in den Harnwegen von Kopffüßern wie *Octopus* oder *Sepia* und bestehen aus stets gleich wenigen Zellen, deren genaue Zahl allerdings von Art zu Art variiert. Nie sind es jedoch mehr als ein paar Dutzend. Zum Vergleich: Wir haben zigtausende Milliarden von Zellen. Sie absorbieren (wie die Bandwürmer) Nährflüssigkeiten über die Haut und locken befremdlicherweise die Spermien ihres Wirts an, um sich davon zu ernähren. Und noch befremdlicher ist, dass sie ohne Sauerstoff auskommen, den es im Urin nicht gibt, sondern Energie durch Fermentierungsprozesse erzeugen. Kurzum, sie sind echte Aliens. Sie vermehren sich ungeschlechtlich, doch wird es im Wirtskörper zu eng, produzieren sie Keimzellen, die, sie sind Zwitter, zu einer Zygote verschmelzen, aus der sich eine Larve entwickelt. Die Larven sehen aus wie einzellige Wimperntierchen, verlassen mit dem Urin den Wirt und atmen nun, anders als die adulten Exemplare, Sauerstoff. Schon bald sinkt die Larve zum Grund. Ein Stoff in zwei ihrer 28 Zellen, der schwerer ist als Wasser, zieht sie unweigerlich in die Tiefe. Am Grund wartet sie reglos, bis ein neuer Kopffüßer vorbeikommt, dringt in ihn ein, erreicht über den Blutkreislauf die Niere und verwandelt sich in ihrem neuen Zuhause in ein adultes, wurmförmiges Exemplar, das sich ungeschlechtlich vermehrt. Der Zyklus beginnt von vorn.

Orthonectida-Larven leben hingegen parasitär in Weichtieren, Ringelwürmern, Stachelhäutern und anderen Meerestieren. *Orthonectida* sind komplexer als *Rhombozoa*, in der Regel zweigeschlechtlich und sexuell dimorph: Die Weibchen sind wesentlich größer und kräftiger als die dünnen, wurmförmigen Männchen. Die adulten bewimperten Tiere leben planktonisch. Nach der Paarung bringen sie frei lebende bewimperte Larven hervor, die allerdings schon bald über die Geschlechtsöffnungen in einen Wirtskörper eindringen, sich im Epithelgewebe seiner Geschlechtsorgane einnisten und sich dort in ein Plasmodium, eine mehrzellige, wuchernde Masse verwandeln, die sich schließlich teilt. Die so entstehenden Exemplare sind zwar winzig, aber zeigen bereits adulte

Merkmale. Sie verlassen den Wirtskörper über die Genitalöffnung und nehmen ihr planktonisches Leben auf. Sie machen also zwei radikale Verwandlungen durch: von der Larve zum Plasmodium, vom Plasmodium zum adulten Exemplar.

Ein Alien unter den Krebstieren

Beim Wort Krebstiere denken wir an Garnelen und Krabben mit vielen Beinen, bedrohlichen Scheren und robuster Schale. Aber manche Krebstiere haben mit dieser Vorstellung wenig gemein. Die Rankenfußkrebse etwa, bei denen fast alle Arten Meerestiere sind, leben im adulten Stadium sesshaft und ähneln mehr Weichtieren als Krebsen. Zu ihnen gehören die Entenmuscheln (*Lepadomorpha*), die entgegen ihrem Namen keine Muscheln sind, und die Seepocken (*Balanomorpha*). Sie kleben, von einer Kalkschale geschützt, ein Leben lang an Felsen oder Bootskielen, an Walen, Schildkrötenpanzern oder Miesmuscheln – und in letzter Zeit leider auch an Milliarden im Meer treibenden Plastikstücken. Mit langen Cirren, die ein wenig wie Federn aussehen und die sie bei Bedarf aus ihrem Panzer ausfahren, fangen sie im Wasser schwebende planktonische und organische Partikel. Entenmuscheln besitzen einen langen, muskulösen Stiel, die steinharten Seepocken sehen hingegen wie Minivulkane aus, mit winzigen Cirren in den Kratern. Wie alle ordentlichen Meereswirbellosen haben die Rankenfußkrebse planktonische Larven, die nach mehreren Verwandlungen zum Meeresgrund (oder auf den Rücken eines Wals) sinken und für immer am festen Untergrund haften. Aus dem Ei schlüpft zunächst eine Nauplius-Larve, die dank Metamorphose zu einem Metanauplius wird und sich dann in eine Cypris-Larve verwandelt. Hieraus entwickelt sich das adulte Tier.

Bei einer Rankenfußkrebsordnung, den Wurzelkrebsen (*Rhizocephala*), ist die morphologische Distanz zur Garnele sogar noch größer. Wurzelkrebse scheinen kaum mehr Tiere zu sein, und alle sind Parasiten anderer Krebstiere. Wir kennen zahlreiche Arten, aber am bekanntesten ist der auch im Mittelmeer häufige Sackkrebs *Sacculina carcini*. Er entsteht aus einer planktonischen Nauplius-Larve, die sich nicht von denen anderer Krebstiere unterscheidet. Schnell verwandelt sie sich in eine Cypris-ähnliche Larve, die sich allerdings schon wenige Tage später auf die Suche nach einer möglichst jungen Krabbe mit frisch erneuertem Exoskelett macht. Kaum hat sie ein Opfer gefunden, haftet sie daran und gibt alles auf, was noch an Krebstiere erinnern könnte. In einer tiefgreifenden Metamorphose wirft sie Gliedmaßen, Exoskelett und das hintere Körperteil ab. Übrig bleibt eine Cypris-Zellklumpen in einem chitinhaltigen Exoskelett, mit einem kanülenartigen Stachel, dem Perforatorium. Der Stachel dringt in eine besonders weiche Stelle des (wie gesagt, frisch erneuerten) Exoskeletts ein, und die Zellen wandern wie durch eine Kanüle aus der Chitinhülle in die Krabbe. Vom ursprünglichen Krebstier bleibt nichts zurück. Der äußere Teil stirbt ab und löst sich auf. Der Zellklumpen wandert durch das Krabbengewebe und nistet sich im ersten Hinterleibssegment ein. Dort wächst er auf Kosten des Wirts. Der Sackkrebs wächst wurzelartig in alle Körperteile der Krabbe (*Rhizocephala* bedeutet „Wurzelkopf“, weil alles aus dem Larvenvorderteil entsteht) und absorbiert Nährstoffe aus dem Wirt. Der Sackkrebs hat weder Organe noch Fortsätze, noch ein Exoskelett. Er hat noch nicht einmal einen Verdauungsapparat: Die

Nährstoffe werden direkt von den Mikrovilli der „Wurzel“ absorbiert. Aber er bewahrt den Ausscheidungs- und auch Fortpflanzungsapparat, den er bald braucht.

Aber was ist mit der Krabbe? Nach der Invasion ist sie nicht mehr wirklich eine Krabbe. Sie wächst und vermehrt sich nicht mehr und hält ihr Exoskelett nicht mehr sauber. Über hormonelle Reize wird sie vom Parasiten gesteuert, muss ununterbrochen fressen und tut sonst nichts. Nahrung für den Wirt ist Nahrung für den Parasiten. Ist die Krabbe männlich, wird sie durch vom Sackkrebs abgesonderte Hormone „verweiblicht“. Der kleine, dreieckige Hinterleib der männlichen Krabbe verbreitert und vergrößert sich. Einige Monate nach dem Befall erscheint unter dem Krabbenhinterleib eine weiße, harte, sackförmige Ausstülpung, der Brutsack des Parasiten. Der Sackkrebs ist nun geschlechtsreif und kann sich vermehren. Alle parasitären Sackkrebse sind weiblich. An der Sackausstülpung (*Externa*) befinden sich zwei Löchlein. Durch diese dringen zwei männliche Sackkrebse, im Nauplinsstadium, in den weiblichen Sackkrebs ein, lassen sich bei den Eierstöcken nieder und befruchten die Eier. Ihre Individualität geben sie dabei auf, sie verschmelzen mit dem Weibchen und tun nichts anderes mehr, als Spermien zu produzieren. Der Sackkrebs ist zu diesem Zeitpunkt praktisch, aber nicht wirklich, zum Zwitter geworden. Die befallene Krabbe kümmert sich sorgfältig um die Sackausstülpung, als wäre es ihr eigener Brutsack. Sie drückt vorsichtig darauf, damit die befruchteten Eier austreten. Außerdem klettert sie an erhöhte Stellen und rudert mit den Scheren, um die Eier besser im Wasser zu verteilen. Genauso wie sie es als Krabbenweibchen mit ihren eigenen Eiern machen würde, die unter ihrem Hinterleib reifen würden. Aus den Millionen Eiern

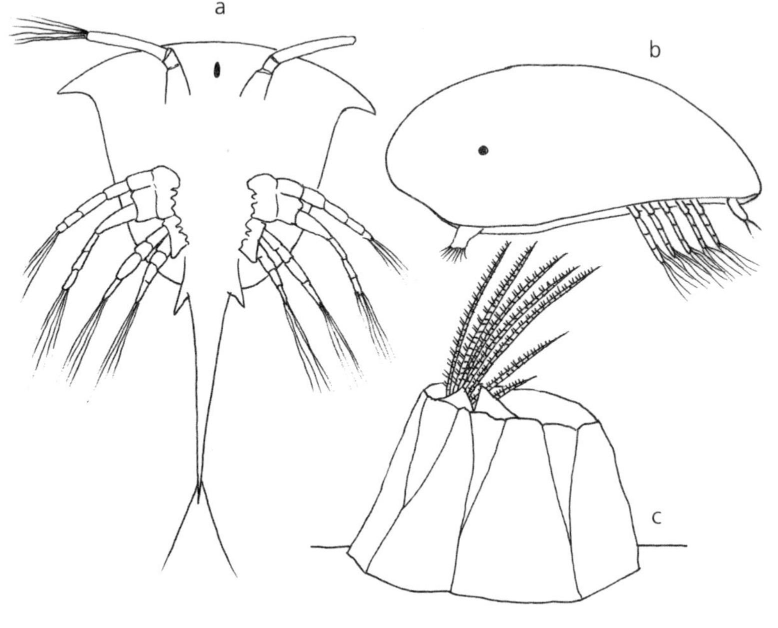

Abb. 20: Rankenfußkrebse (Gattung *Balanus*): a. Nauplius-Larve, b. Cypris-Larve, c. adultes Tier (nicht maßstabsgetreu).

entwickeln sich neue Sackkrebse, deren Weibchen wiederum eine Krabbe befallen.

Was ich von den Sackkrebsen erzählt habe, gäbe reichlich Stoff für einen Horrorfilm. Aber es ist kein Film, sondern passiert bei vielen Krabben wirklich. In puncto Verwandlung ist das Sackkrebs-Weibchen unschlagbar. Es beschränkt sich nicht wie andere Rankenfußkrebse darauf, anders auszusehen als typische Krebstiere. Seine Zellen, die den Wirt befallen, nehmen eine Wurzelform an, bringen einen externen Brutsack hervor, verschmelzen mit winzigen Männchen (die keine Metamorphose durchmachen) und zwingen den Wirt, Verhalten und Geschlecht zu wechseln. Es nimmt den Wirt für seine Zwecke vollkommen in Besitz. Eine physisch und ethologisch extreme, fast unglaubliche Metamorphose. Ist das noch ein Krebstier? Hatte Gott, als er am fünften Tag *Sacculina carcini* schuf, wirklich das im Sinn? Wenn ich an Sackkrebse denke, bin ich jedenfalls dankbar, keine Krabbe zu sein.

Rätselhafte Familienverhältnisse

Dass die Larven allseits bekannter adulter Tiere als andere Art beschrieben werden, passiert häufig. Doch auch das Gegenteil kommt vor. Von den Facetotecta etwa, einer Teilklasse der Krebstiere, kennen wir nur die Larvenstadien und haben keine Ahnung, wie das adulte Tier aussehen könnte. Adulte Exemplare hat noch keiner gesehen. Facetotecta leben vermutlich als Parasiten in Fischen und verschwinden nach der Metamorphose sozusagen darin, womöglich verlieren sie, wie die Sackkrebse, dann auch jede Ähnlichkeit mit Krebstieren. Da Facetotecta-Larven in großen Mengen an der Küste auftreten, könnten die Wirte Fische flacher Gewässer sein. Aber auch das ist reine Hypothese.

Ende des 19. Jahrhunderts wurden die Larven als neuentdeckte Art der Ruderfußkrebse, einer planktonischen Unterklasse der Krebstiere, darunter viele Parasitenarten, beschrieben. Einige Jahrzehnte später musste man dann einsehen, dass es sich um Larven bisher unbekannter Form handelte. Ihr Entdecker bezeichnete sie als y-Nauplius. Der wenige Zehntelmillimeter lange y-Nauplius besitzt zwei Paar Fühler, Mundwerkzeuge, Dornen und nur ein Auge. Zum Gutteil ist er von einem – im Verhältnis – großen Kopfschild bedeckt. Nach fünf Häutungen wird er durch Metamorphose zur immer noch genauso winzigen y-Cypris-Larve. Sie besitzt jedoch einen segmentierten Hinterleib und den für viele adulte Krebstiere typischen Schwanz, Telson genannt, Facettenaugen und sechs Beinpaare. Das Leben der Y-Cypris-Larven dauert mehrere Wochen, aber was kommt danach? Um das Geheimnis zu lüften, hat man y-Cypris-Larven mit Hormonen behandelt, die bei Krebstieren die Metamorphose auslösen. Zur allgemeinen Verblüffung hatte das Ergebnis nichts mit einem Krebstier oder Gliederfüßer zu tun, sondern sah eher wie ein Wurm oder eine Schnecke aus. Beine oder segmentierter Hinterleib fehlten. Das rätselhafte Wesen, das man Ypsigon taufte und das *in natura* noch niemand gesehen hat, könnte ein Parasit sein, der im Wirt Nährstoffe absorbiert und darum keine Segmente, Beine, Augen oder Fühler und auch keinen Verdauungs- oder Atemapparat mehr braucht. Also eher ein Blob wie der Sackkrebs *Sacculina carcini*.

Bei Facetotecta ist das adulte Stadium ein Rätsel, bei einer anderen Gruppe der Krebstiere, den Tantulocarida, ist es der Lebenszyklus. Tantulocarida leben als externe Parasiten anderer Krebstiere, sind noch kleiner als die kleinsten planktonischen Arten und damit wohl die kleinsten bekannten Krebstiere. Laut Wikipedia, einer unerschöpflichen Quelle für allerhand Seltsamkeiten, erreicht die Art *Tantulacus dieteri* eine Länge von 85 Mikrometern. Für eine einen Millimeter lange Reihe bräuchte man also ein Dutzend Exemplare. Facetotecta sind bizarr und rätselhaft, Tantulocarida erst recht. Die Weibchen mancher Arten haften mit einem Mundsaugnapf am Exoskelett des Wirts, besitzen Kopf, Hals und einen sackförmigen Körper, in dem sich die Eier oder Larven befinden. Mit zwei Millimeter Größe sind sie die Riesinnen in der Gruppe. Sie haben weder Gliedmaßen noch Genitalöffnungen. Wenn die Larven (*Tantulus*) den Sackkörper verlassen, zerreißen sie ihn offenbar. Es gibt aber bei anderen Arten auch kleinere Weibchen, die mit segmentiertem Körper, Beinen, großem Cephalotorax und Fühlern eher wie Krebstiere aussehen. Sie tragen große Eier und besitzen eine Genitalöffnung. Die ähnlichen Männchen haben einen Penis.

Die rätselhaften Tantulocarida haben einen zweifachen Lebenszyklus aus geschlechtlicher und ungeschlechtlicher Phase. Die ungeschlechtlichen Riesinnen bringen fertige *Tantulus*-Larven hervor, die sich sofort an einen neuen Wirt haften und in ungeschlechtliche Weibchen verwandeln können. Eine Art Parthenogenese wie bei den Blattläusen, aber mit einem Larvenstadium. In der geschlechtlichen Phase bringt die *Tantulus*-Larve hingegen eine sackförmige Ausstülpung hervor, in der sich geschlechtliche Weibchen und Männchen entwickeln. Sie hängen an einer Art Nabelschnur, die durch den Larvenkopf bis zum Wirt verläuft, sind also, über Umwege, ebenfalls Parasit des Wirts. Sind sie fertig entwickelt, reißt der Sack auf, und sie kommen heraus. Irgendwie erreichen die Männchen die Weibchen und befruchten sie. Im Weibchen entwickeln sich Eier, neue *Tantulus*-Larven treten durch die Genitalöffnung aus, befallen neue Wirte, eine neue ungeschlechtliche oder geschlechtliche Phase beginnt.

Die Tantulocarida werfen viele Fragen auf, sofern man neugierig ist. Warum entstehen aus den Larven einmal ungeschlechtliche Weibchen und einmal geschlechtliche Männchen und Weibchen? Warum ist ihr Lebenszyklus so kompliziert? Welche Anpassungsstrategie steckt dahinter? Und vor allem: Wo bleibt die Metamorphose, wenn das adulte Tier nicht aus der Häutung einer Larve entsteht, sondern im Innern der Larve durch eine Art Nabelschnur ernährt wird? Man kann hier nur schwer von Metamorphose, Individuum oder Generationswechsel sprechen. Die Larve ist im Grunde die Mutter des adulten Tiers, die beiden Stadien existieren gleichzeitig. So, als würde sich der Schmetterling in der blätterfressenden Raupe entwickeln oder der Frosch in der Kaulquappe. Auch in diesem Fall kollidiert unser Bedürfnis nach klaren Kategorien offensichtlich mit der unendlichen Vielfalt biologischer Realitäten.

Alptraum Süßwasser

Ich war zweimal in Südafrika. Beim ersten Mal, ich war mit meinem Professor unterwegs, flogen wir am 16. Januar 1991 los. Als das Flugzeug abhob, wurde Bagdad bombardiert. Ich war knapp 24 Jahre alt und sollte zwei Jahre später meine Doktorarbeit über Libellennymphen in Südafrika vorlegen. Wir wollten herumreisen, Nymphen sammeln, im Labor aufziehen, die Verpuppung abwarten und dann das adulte Exemplar bestimmen. Unser Ziel war es, die Nymphen, deren Aussehen größtenteils unbekannt war, den 900 in diesem Land vorkommenden Arten zuzuordnen, sie zu beschreiben und die Beschreibung zu publizieren. Wer in Zukunft eine Nymphe entdeckte, sollte sie bestimmen können und sich nicht mehr mit der Formel *Undetermined dragonfly nymph* zufriedengeben müssen. 35 Tage lang reisten wir kreuz und quer durch die Provinz KwaZulu-Natal, sammelten Libellennymphen und setzten sie an der Universität von Pietermaritzburg ins Labor. In ebendieser Stadt war der Rechtsanwalt Mohandas Karamchand Gandhi am 7. Juni 1893, aus dem Erste-Klasse-Zugabteil geworfen worden. Er hatte daraufhin sein Leben dem gewaltfreien Kampf gegen Rassismus und für die Freiheit der Völker gewidmet. Unsere Absichten waren längst nicht so nobel und wesentlich unbedeutender.

Trotzdem kehrte ich im Jahr darauf nach Südafrika zurück, diesmal allein. Im Krüger Nationalpark, an der Grenze zu Mosambik, wollte ich erneut Nymphen suchen, sie im Labor aufziehen, ihre Verpuppung abwarten und sie bestimmen. Die zweite Reise war erheblich extremer als die erste, und ich merkte bald, dass ich meine Anpassungsfähigkeit offenbar überschätzt hatte. Schon am Abend meiner Ankunft erzählten mir Forschende und Studierende in meiner Unterkunft, alles weiße Südafrikanerinnen und Südafrikaner, dass im Camp Skukuza, das nur eine niedrige Umzäunung von unserer Unterkunft trennte, eine Frau fast von einem Leoparden getötet und vor einigen Wochen eine südafrikanische Kollegin von einem Nashorn zu Tode getrampelt worden sei. Einige Tage später weckte uns nachts ein Rumoren aus der Küche. Kein Student stöberte schlaflos im Kühlschrank, es war eine Hyäne. Wiederum ein paar Tage später sprangen nachts mehrere Löwen aus der Savanne über den Gartenzaun und töteten zwei Impala, die wir, naiv wie wir waren, zur Sicherheit eingesperrt hatten. Wenn ich am Fluss Sabie oder nahen Wassertümpeln nach Libellennymphen suchte, begleitete mich jemand mit dem Gewehr im Anschlag und passte auf, dass mir Krokodile, Pavianhorden oder einsame Büffelmännchen nicht zu nahe kamen. Ich lernte, dass die meisten Menschen nicht von Löwen oder anderen Fleischfressern getötet werden, sondern vom harmlos wirkenden Nilpferd. Ein Krokodil kann ein Gnu oder Zebra in Sekundenschnelle unter Wasser ziehen, wieso also nicht mich? Um 18.00 Uhr musste man eiligst das Labor verlassen, weil die Nacht blitzschnell hereinbrach und das Dorf die Hyänen anzog. Jeden Donnerstag nahm ich zwei Chinintabletten gegen Malaria. Als wir eines Abends noch einen Plausch auf der angenehm frischen Veranda hielten, hörten wir plötzlich vom nahen Müllplatz Hyänengeheul. Wir stiegen ins Auto und sahen, Taschenlampe in der Hand, nach. Drei junge Löwen mit voller Mähne stolzierten durch die Dunkelheit, umgeben von Pavianen und Warzenschweinen. Sie hatten eine Hyäne gerissen, ein Löwe trug einen Schenkel im Maul. Kurzum, ich lernte, was Angst ist. Krokodile, Löwen, Leoparden, Paviane, Büffel oder Nilpferde können dich im Handumdrehen zur Strecke bringen. Doch davor hatte hier keiner Angst. Denen konnte man aus dem Weg gehen, wenn man nicht blöd oder leichtsinnig war. Der wahre Horror war die Bilharziose.

In einem Leichnam entdeckte der deutsche Arzt Theodor Maximilian Bilharz 1851 *Schistosoma haematobium*, aus der artenreichen Gattung der Pärchenegel, die in Tropen und Subtropen weltweit verbreitet ist. Pärchenegel haben, wie viele Parasiten, einen komplexen Lebenszyklus und mehrere Wirte.

Doch von Anfang an. Der Stamm der Plattwürmer umfasst zahllose weltweit verbreitete Arten, die in allen Umgebungen, vor allem aber im Wasser vorkommen. Man unterteilt sie in vier Klassen. Die Strudelwürmer umfassen mehrere Tausend Arten, leben fast nie parasitär und manchmal sogar an Land. Die Hakensaugwürmer, Bandwürmer und Saugwürmer sind hingegen alle Parasiten. Hakensaugwürmer hängen sich an Fische, Bandwürmer leben in Wirbeltieren, Saugwürmer in Weich- und Wirbeltieren. Pärchenegel sind Saugwürmer. Aber anders als alle anderen Plattwürmer sind Pärchenegel getrenntgeschlechtlich, mit Männchen und Weibchen, die sich zudem stark unterscheiden. Die Weibchen, 30 Millimeter lang, sehen aus wie ein längs aufgeschnittener Schlauch, die Männchen sind kleiner und wurmförmig. Bei der Paarung wickelt sich das Weibchen um das Männchen. Beide leben in menschlichen Blutgefäßen. Aber wie kommen sie dorthin?

In einem südafrikanischen Fluss oder See badet ein Mensch, oder er surft im Meer und kippt vom Board. Er ist weiß und wohlhabend. Ist er schwarz und arm, wäscht er sich im Fluss oder arbeitet im Reisfeld. Da nähern sich winzige, höchstens einige Zehntelmillimeter große Wesen, kugelförmiger Kopf mit Saugnapfansätzen, langer gespaltener Schwanz, und schwimmen an ihm entlang. Es sind die frei lebenden Schwanzlarven (Zerkarien) von Pärchenegeln. Bei Kontakt dringen sie in die Haut ein, verlieren den Schwanz und verwandeln sich in lange, wurmähnliche *Schistosomuli*-Larven mit Saugnäpfen. Sie wandern in die Blutgefäße und lassen sich zur Leber treiben. Dort verwandeln sie sich in aller Ruhe in adulte Pärchenegel. Nach der Paarung wandern Männchen und Weibchen gemeinsam zu Blutgefäßen im Darm oder im Urogenitaltrakt, wo sie sich mitunter jahrelang einnisten. Ein bis drei Monate, nachdem die Schwanzlarve in die Haut eingedrungen ist, produziert das Weibchen die ersten ovalen Eier, mit Dorn. Sie werden mit Harn oder Stuhl aus dem Körper geschwemmt. Manche Eier bleiben aber auch im Blutkreislauf, kehren zur Leber zurück, wandern zur Lunge, zum Rückenmark oder ins zentrale Nervensystem. Gelangen die Eier nach draußen und ins Wasser, schlüpft aus ihnen eine ovale Wimpernlarve (*Miracidium*), die noch kleiner ist als die Schwanzlarve. Mit ihren Wimpern bewegt sie sich im Wasser fort. Nicht immer sucht sie nach menschlicher Haut. Manchmal sucht sie nach einer bestimmten Wasserschnecke, dem Zwischenwirt der Pärchenegel. Hat sie eine gefunden, dringt sie in sie ein, wird zur Sporozyste, pflanzt sich ungeschlechtlich fort und verwandelt sich dann in eine Schwanzlarve. Die Schwanzlarve verlässt die Schnecke und tötet sie dabei, landet im Wasser und sucht wieder nach der Haut von Menschen, ihrem Endwirt. Der Zyklus beginnt von vorn. Pärchenegel können über sieben Jahre alt werden, und die Weibchen produzieren ununterbrochen Eier.

Pärchenegel heißen auch Nilwürmer, zu Unrecht, denn überall in den Tropen und Subtropen, in Afrika, dem Mittleren Osten, Südamerika, China, Korea, Japan, Indien und Südostasien infizieren sich jedes Jahr Millionen von Menschen mit Bilharziose oder *Schistosomiasis*, und 10.000 sterben. Die Krankheit kann die verschiedensten Symptome hervorrufen, was unter anderem von der Pärchenegelart abhängt. Die im Blutkreislauf verbliebenen Eier sterben, führen zu Infektionen und Geschwüren und schädigen das Gewebe. Die Folgen: chronischer Durchfall, Blutungen, Darmverschluss oder die Bildung von Polypen. In der Leber schädigen die Eier das Gewebe und beeinträchtigen die Leberfunktionen.

Vergleichbares gilt für Lunge oder Nieren. Beim Befall der Blase kommt es zu Hämaturie, Granulomen, Fibrosen, Verdickung der Blasenwände, Infektionen und in schweren Fällen zu Nephrose, Niereninsuffizienz und Blasenkarzinomen. Auch ein Befall der Genitalien hat schwere Folgen. Adulte Pärchenegel lösen eine Blutvergiftung, Durchfall, Gewichtsverlust und Ödeme an den unteren Gliedmaßen aus. Ein Alptraum. Dagegen scheint ein Löwenangriff fast harmlos. In Deutschland gibt es keine Fälle, weil die Schnecke, die als Zwischenwirt dient, hier nicht lebt und das Wasser im Winter zu kalt ist. Seit 2011 gibt es aber gesicherte Fälle auf Korsika, wo sich Einheimische und Touristen im Fluss Cavo infiziert haben.

Ich bin auch von der zweiten Reise gesund zurückgekehrt. Obwohl ich dicht am Wasser gearbeitet habe, habe ich mich nicht mit Bilharziose infiziert und wurde auch von keinem Krokodil gefressen. Aber noch 30 Jahre später kann ich die Angst spüren, die sich mit keiner in unseren Breitengraden vergleichen lässt. Solche Erfahrungen prägen einen für das ganze Leben, sie sind, genauso wie manche unvergessliche Begegnung auf dieser Reise, unauslöschlich. In Afrika gibt es keine Zwischentöne. Alles ist extrem. Ich schreibe ein Buch über die Metamorphose. Mir für immer eingebrannt hat sich die Metamorphose der Savanne, als im November endlich Regen fiel und der Sommer kam. Nach nur drei Regentagen und einem nächtlichen Heuschreckenhagel verwandelte sich die vertrocknete, öde, farblose Landschaft mit Gerippen verdursteter Tiere in ein weites, grünes Meer, ein Paradies für die Sinne. Die Baobabs mit ihren riesigen Stämmen waren in wenigen Stunden mit weißen Blüten übersät. Was bei uns Monate dauert, geschah dort in wenigen Stunden. Vor den

Augen des jungen europäischen Studenten entfaltete sich die unglaubliche Kraft der Natur. Die Verwandlung ist kein Aspekt des Lebens. Leben *ist* Verwandlung.

Dauermetamorphose: der Große Leberegel

Der Große Leberegel (*Fasciola hepatica*) ist ein enger Verwandter der Pärchenegel. Er lebt parasitär in Säugetieren und entwickelt sich, wie viele Parasiten, über mehrere Larvenstadien. Er ist ein Kosmopolit und kommt auch in Deutschland vor. Die flachen weißlichen, bis zu vier Zentimeter langen adulten Egel besitzen Saugnäpfe und verbringen ihr manchmal jahrzehntelanges Leben in den Gallengängen vor allem von Schafen, aber manchmal auch von Menschen. Ihr Lebenszyklus ähnelt dem der Pärchenegel, ist aber noch komplexer. Die Weibchen legen ihre Eier im Gallengang ab, und diese werden über den Darm ausgeschieden. Gelangen sie ins Wasser, schlüpft eine Miracidium-Larve, die sich umgehend auf die Suche nach einer Wasserschnecke der Gattung *Lymnaea*, ihrem Zwischenwirt, macht. Findet sie in den nächsten 24 Stunden keine, stirbt sie. In einer Schnecke aber verwandelt sie sich in eine Sporozyste, dann in eine Redie. Bei schlechten Bedingungen vermehrt sich die Redie ungeschlechtlich und bringt Tochterredien hervor. Aus einer Miracidium-Larve können bis zu 600 Redien entstehen. Bei guten Bedingungen verwandelt sich die Redie dagegen in eine Schwanzlarve (Zerkarie), verlässt die Schnecke und kehrt ins Wasser zurück. Dort enzystiert sie umgehend zu einer Metazerkarie mit kugelförmiger Schutzkapsel, sucht sich einen Platz zwischen Wasserpflanzen, gern Brunnenkresse, und wartet ab, bis ein Pflanzenfresser sie verschlingt. Sie nistet sich in seinem Zwölffingerdarm ein, verlässt dann die Zyste, durchquert die Darmwand und ernährt sich nun von der Leber. Schließlich nistet sie sich im Gallengang ein, wo sie sich endgültig zu einem adulten Leberegel entwickelt. Als Zwitter kann dieser sich selbst befruchten und Eier produzieren. Drei Monate nach dem Befall des Wirts tauchen in dessen Fäkalien die ersten Eier auf. Metazerkarien können monatelang selbst im Trockenen überleben, finden sich also auch im Heu und gelangen so in den Darm von Stalltieren. Adulte Egel ernähren sich vom Blut des Wirts und können Entzündungen hervorrufen. Befallene Schafe wachsen schlechter und geben weniger Milch. Da der Mensch ebenfalls gern Brunnenkresse isst, findet sich in seiner Leber auch manchmal ein Leberegel. Wer Pech hat und sich eine Fasziolose zuzieht, leidet oft an Symptomen wie Bauchschmerzen, vergrößerter Leber, Durchlöcherung der Harnwege, Koliken, Blutungen, Geschwülsten und Ähnlichem. Todesfälle sind glücklicherweise sehr selten. In Ländern, wo man rohe Ziegen- und Schafsleber isst, nisten sich adulte Leberegel manchmal im Rachen von Menschen ein. Vermutlich nicht gerade angenehm.

Hochspezialisierte Parasiten

Es gibt unzählige parasitäre Plattwürmer. Alle haben einen bewundernswert komplexen Lebenszyklus und brauchen, zu Wasser und zu Land, Zwischen- und Endwirte. Ich schließe mit dem Saugwurm *Leucochloridium paradoxum*, einem besonders extremen Beispiel. *Leucochloridium paradoxum* gehört wie Pärchen- und Großer Leberegel zu den Saugwürmern, braucht aber als Zwischenwirt Landschnecken der artenreichen Gattung *Succinea* und als Endwirt Vögel. Die adulten Würmer leben im Darm von Vögeln wie Raben, Eichelhähern, Spatzen oder Buchfinken. Mit dem Vogelkot fallen ihre Eier zu Boden, ins Gras. Wenn die Schnecke das befallene Gras frisst, schlüpfen Miracidium-Larven, die sich über den Verdauungskanal der Schnecke bis zur Mitteldarmdrüse bewegen. Dort verwandeln sie sich in Sporozyten. Und jetzt kommt das Unglaubliche. Aus den Sporozyten entstehen pulsierende, bunt gebänderte Brutschläuche mit Hunderten Schwanzlarven, aus denen schließlich Metazerkarien werden. Die Brutschläuche nisten sich in den Augenstielen (Schneckenfühlern) ein und verwandeln sie in raupenähnliche Fühlerlarven. Aber damit nicht genug. Sie sorgen auch dafür, dass die Schnecke Sonne und ungeschützte Stellen nicht mehr meidet und sie in der Sonne spazieren führt. Dem kann kein Vogel widerstehen. Unweigerlich wird die Schnecke verspeist, und die Larven gelangen in den Verdauungskanal ihres Endwirts. Als Metazerkarien nisten sie sich in der Kloake ein und verwandeln sich ein letztes Mal, zu adulten Saugwürmern. Auch *Leucochloridium paradoxum* zeigt also, wie unglaublich spezialisiert die Parasiten sind. Zwei, drei und mehr Larvenformen, Zwischen- und Endwirte, kontinuierliche Verwandlungen, sogar Manipulationen des Wirts, um den eigenen Lebenszyklus zu vollenden. Auch wenn wir Parasiten – aus unserem Blickwinkel – als Schädlinge betrachten, stellen sie eigentlich vielleicht den Höhepunkt der Evolution dar. Ihre Lebenszyklen und Anpassungsstrategien sind so komplex und raffiniert, dass sie im Tierreich vergeblich ihresgleichen suchen.

Das Rätsel der Saitenwürmer

Saitenwürmer (*Nematomorpha*) leben im Wasser, sind nur ein bis zwei Millimeter dick, anders als Ringelwürmer nicht segmentiert, können aber, je nach Art, bis zu zwei Meter lang werden. Sie sind vermutlich mit Fadenwürmern verwandt, die an Land und im Meer so allgegenwärtig sind, dass sie von manchen für noch artenreicher als Insekten gehalten werden. Der Stamm der Saitenwürmer umfasst dagegen nur einige Hundert Arten. Fast alle bewohnen Süßgewässer wie Bäche und Tümpel, aber auch Wassertanks und Tränken, und manchmal plumpst einer zum großen Entsetzen der Wohnungsinhaber aus dem Wasserhahn. Adulte Saitenwürmer kringeln sich zu unentwirrbaren Knoten (darum wird der Stamm auch *Gordiacea* genannt), in denen sie beinah reglos verharren, denn sie besitzen nur Längsmuskeln und können ihren haarartigen Körper kaum bewegen. Sie fressen nichts und besitzen höchstens einen rudimentären Verdauungsapparat. Aber was machen sie dann? Was alle machen, die Larven haben: Sie vermehren sich. Adulte Saitenwürmer sind im Grund eine einzige lange Keimdrüse.

Die Larven sind hingegen höchstens einen Zehntelmillimeter lang, wurmförmig, zweigeteilt und allesamt Parasiten, meistens von Insekten. Wenn die Weibchen nach der Paarung die Eier ablegen, schlüpfen daraus bewegliche Larven mit einem Rüssel, an dem Dornen sitzen: ein Schweizer Messer in Miniaturformat. Damit durchbohren die Larven die äußere Hülle des Wirts und dringen ins Innere ein. Ihr Parasitenleben beginnt. Doch auch sie besitzen keinen Verdauungsapparat, sondern absorbieren die Nährstoffe wie Bandwürmer über die Körperwand. Sie ernähren sich also vom Wirtsgewebe, wachsen, verwandeln sich mehrfach, aber häuten sich offenbar nicht. Die Haut wächst mit, von einem Millimeterbruchteil auf mehrere Dutzend Zentimeter. Schließlich ist es Zeit für die Metamorphose, der adulte Saitenwurm ist fertig und muss den Wirt verlassen, der immer noch lebt.

Das Problem des Saitenwurms ist nicht, einen Ausgang zu finden, sondern ins Wasser zurückzukehren. Sein Wirt lebt an Land, aber würde er am Boden oder im Gras landen, würde er leicht zertreten. Er könnte sich nicht fortbewegen, keinen Partner finden und auch keine Eier ablegen. Wie das Problem lösen? Er muss seinen Wirt, etwa eine Heuschrecke, dazu bringen, sich dem Wasser zu nähern, sie also, vermutlich durch Störung ihres Nervensystems, manipulieren. Eine unsichtbare, unüberwindliche Macht zwingt die Schrecke, zum nächsten Bachlauf oder Tümpel zu fliegen, damit sich der 20- bis 30fach lange Saitenwurm aus ihr befreien kann. Oder auch mehrere Saitenwürmer. Spürt der Saitenwurm das Wasser, nimmt er den Anus als Ausgang und ist frei. Der erschöpfte Wirt stirbt. Im Wasser leben also jetzt männliche und weibliche Saitenwürmer. Wenn sie in den wenigen Lebenstagen, die ihnen beschieden sind, zusammenfinden, paaren sie sich und der Zyklus beginnt von Neuem. Ich habe in den Bergen, in Bachläufen und Tränken, mehrmals Saitenwürmer gesehen (oder in Gläsern, die mir verängstigte Freunde mit einem Wurm aus dem Spülbecken brachten). Einmal sah ich am helllichten Tag in einer schmalen Schlucht mit Wassertümpeln eine Höhlenschrecke der Gattung *Dolichopoda*. Die Tiere gehören zur Ordnung der Langfühlerschrecken, sind normalerweise nachtaktiv und verstecken sich tagsüber in Höhlen, Spalten, Stollen, Kellern und Zisternen. Was also machte diese Heuschrecke bei hellem Sonnenschein an einem Tümpel? War sie vielleicht das Opfer eines Saitenwurms?

Eigentlich kaum zu glauben, dass der Wirt eines Wassertiers ein Landtier ist, denn das schafft zwei Probleme: Die Larve muss einen Wirt finden, der nicht im Wasser lebt, und das adulte Tier muss zur Fortpflanzung ins Wasser zurück. Bei den marinen Saitenwürmern ist die Sache einfacher: Die Larven leben in Meereskrebstieren, und wenn sie den Wirt als adultes Tier verlassen, sind sie schon im Wasser. Nicht so die Süßwasserarten. Soll das System funktionieren, muss man also die statistische Wahrscheinlichkeit zu Hilfe nehmen.

Weibliche Saitenwürmer legen unglaublich viele Eier ab, je nach Art und Größe 200.000 bis acht Millionen. Genau darum sind die Würmer so lang, je länger, desto mehr Keimdrüsen. Aus den Eiern schlüpfen scharenweise winzige aggressive Larven. Obwohl sie zur Entwicklung einen Gliederfüßer brauchen, nehmen sie, was sie im Wasser kriegen, neben Krebstieren oder Insekten auch Fische, Amphibien oder Ringelwürmer. Wie wir gesehen haben, leben die Larven vieler Fluginsekten, von Eintagsfliegen, Libellen, Wasserläufern, Steinfliegen, zahlreichen Käfern, Zweiflüglern oder Wanzen, im Wasser. Manche Saitenwurmlarve hat das Glück, in eine Libellennymphe einzudringen. Klettert diese auf einen Halm und verwandelt sich in eine wunderschöne Libelle, hat die im Verborgenen lebende Saitenwurmlarve ihr erstes Ziel erreicht: Sie hat das Wasser verlassen. In der Libelle enzystiert sie und wartet einfach ab, bis diese stirbt. Was früher oder später passiert. Wenn die Libelle zu Boden fällt, wird sie mit großer Wahrscheinlichkeit von einem anderen Gliederfüßer, einer Heuschrecke, Schabe oder einem Käfer gefressen. Der glückliche Parasit hat seinen Wirt gefunden, verlässt seine Zyste und frisst den unglücklichen Wirt von innen auf.

Um die geringe Eintrittswahrscheinlichkeit all dieser Ereignisse auszugleichen, braucht man eine große Ausgangszahl an Nachkommen. Denn was kann da nicht alles schiefgehen: Die Larve findet im Wasser keinen Wirt, oder der Wirt verlässt das Wasser nicht, oder sie findet einen passenden Wirt, aber der fällt einem Fisch oder Pilzen und Bakterien zum Opfer. Oder der Zwischenwirt wird von einem ungeeigneten Wirt wie Fuchs, Maus oder Vogel gefressen, von Ameisen verschleppt oder fällt ins Wasser, sodass die Larve sich nicht zu Ende entwickeln kann. Der Endwirt kann aus den verschiedensten Gründen sterben oder so weit vom Wasser entfernt sein, dass er es nicht erreicht und die Metamorphose nicht zu Ende geführt wird. Ganz zu schweigen davon, dass der adulte Saitenwurm in einem Gewässer landen kann, wo er niemanden zur Paarung findet.

Viele Parasiten mit einem oder mehreren Larvenstadien müssen, um ihren Fortpflanzungszyklus zu vollenden, scheinbar sinnlose Hürden nehmen. Das wirft Fragen auf: War das wirklich notwendig? Wie konnte sich das so entwickeln? Wo liegt der evolutionäre Nutzen? Nicht immer können wir solche Fragen beantworten, auch, weil der Saitenwurm nur unvollständig erforscht ist. Aber eins können wir auf jeden Fall sagen. Wenn der entwicklungsgeschichtlich alte Stamm der Saitenwürmer diesen Weg eingeschlagen hat und seit Zigmillionen Jahren verfolgt, dann funktioniert er offenbar. Durch die enorme Variabilität und Vielfalt im Tierreich werden Organismen in ihren Anpassungsstrategien gezwungen, zunehmend kleinere Nischen zu erobern und sich immer weiter zu spezialisieren, und daraus ergeben sich extrem komplexe Abläufe mit eng aufeinander abgestimmten Wechselwirkungen.

In der Antike glaubte man, Saitenwürmer seien Pferdehaare, die beim Kontakt mit Wasser zum Leben erwachen. Wie sollte man anders erklären, dass in einer Tränke wie aus heiterem Himmel ein langer, sehr dünner Wurm auftauchte? Wo sollte er sonst hergekommen sein? Unerklärliche Dinge werden oft sehr fantasiereich erklärt, und die Fantasie kann logischer scheinen als die Realität: Ein Saitenwurm aus einem Pferdehaar wirkt glaubwürdiger als ein Saitenwurm, der aus dem Anus einer Heuschrecke kriecht. Doch bisweilen liefert die Natur Antworten, die jegliche Fantasie übersteigen.

Muscheln mit Zähnen und Klauen

Im Lauf der Evolution verließen zahlreiche Wirbellose das Meer und passten sich dem Leben an Land und im Süßwasser an. Ein Gutteil der Gliederfüßer, aber auch Weichtiere, Ringel-, Plattwürmer und andere gaben Meeresufer, flachen, schlammigen Meeresgrund und Lagunen auf und wagten sich über Land in die Flüsse und Seen. Manche Nesseltiere und Schwämme nahmen auch den direkten Weg und gelangten über die Flüsse direkt ins Süßwasser. Sehr viel später verließ eine Fischgruppe ebenfalls das Meer und entwickelte sich zu ersten einfachen Amphibien, aus denen dann alle Landwirbeltiere entstanden, auch der Mensch. Später kehrte ein Teil der Landwirbeltiere, vor allem Säugetiere, wieder ins Meer zurück. Aber das ist eine andere Geschichte.

Um an Land zu überleben, mussten sich die wirbellosen Pioniere morphologisch und physiologisch völlig umstellen. Sie mussten zum Atmen die Luft der Atmosphäre nutzen und ihre Fortpflanzungsmethoden ändern. So bekamen die

Landschnecken (*Gastropoda*) statt Kiemen Lungen und ihre Eier eine schützende, wassergefüllte Hülle, in der sich der Embryo entwickeln konnte. In dem riesigen dreidimensionalen Habitat der Ozeane stellen besonders sesshafte oder kaum fortbewegungsfähige Arten ihre Fortpflanzung und Verbreitung durch eine planktonische Larve sicher. Eier und Spermien werden zudem milliardenfach ins Wasser abgegeben, und die Befruchtung findet außerhalb des weiblichen Körpers statt. An Land ist all das sinnlos: Darum haben Regenwürmer, Schnecken oder Asseln, die sich alle aus marinen Lebensformen mit Larven entwickelt haben, heute keine Larvenstadien mehr. Komplizierter sieht die Lage bei den Süßwassertieren aus. Sie haben das Meer verlassen, leben aber immer noch im Wasser. Aber wie sollen planktonische Larvenstadien der Strömung in Fließgewässern standhalten? Planktonische Organismen sind per definitionem bewegungsunfähig und würde unweigerlich flussabwärts mitgerissen. Arten mit planktonischen Larven können also keine Fließgewässer besiedeln. Trotzdem wimmelt es in unseren Flüssen vor Wirbellosen, etwa Klappmuscheln aus unterschiedlichsten Familien. Sie haben es geschafft, sich an die neue Umgebung anzupassen.

Beginnen wir mit den Fluss- und Teichmuscheln, von denen es weltweit mehrere Hundert Arten gibt. Am bekanntesten in Deutschland ist wohl die Große Teichmuschel. Mit zwei hübschen gelblichen schweren Schalen sieht sie aus wie eine riesige helle Miesmuschel. Einst weitverbreitet, gilt sie mittlerweile als stark gefährdet. Man kann sie im Schlamm von Flüssen und Kanälen, aber auch in Seen und Weihern finden. Durch ihre halb geöffneten Schalen filtriert sie organische Stoffe und Mikroorganismen. Wie alle Muscheln nimmt sie über einen einführenden Siphon Wasser auf und gibt es über einen ausführenden Siphon wieder ab. Ein korbförmiger Kiemenapparat dient neben der Atmung auch dazu, die Nahrungspartikel festzuhalten. Fast alle Teich- und Flussmuscheln sind getrenntgeschlechtlich. Zur Fortpflanzung geben die Männchen über den ausführenden Siphon Spermien ins Wasser, die von dem einführenden Siphon der Weibchen aufgesaugt werden, so mit den Eiern in Kontakt kommen und sie befruchten. Die befruchteten Eier hütet das Weibchen in einem Brutsack zwischen den Kiemen, dem *Marsupium*. Aus ihnen schlüpfen schließlich ein bis zwei Zehntelmillimeter große Glochidium-Larven, die aussehen wie winzige aufgeklappte Muschelschalen, allerdings mit „Zähnen" und Dornen. Wenn sie ihre endgültige Größe erreicht haben, werden sie von der Muschel über den ausführenden Syphon ins Wasser entlassen und sind eigenständig.

Die Glochidium-Larve muss nun auf Glück und Zufall vertrauen. Kommt sie mit einem Fisch in Berührung, klappen ihre Schalen zu, die Schlosszähne verankern sich in Körper, Flossen oder Schwanz oder häufiger, da die Larve oft mit dem Wasserstrom ins Maul der Fische gelangt, in die Kiemen. Lässt sich in ihren ersten Lebensstunden kein Fisch blicken, ist es vorbei und sie stirbt. Hat sie aber Glück, enzystiert sie sich in den Fisch und zeigt ihr wahres Gesicht. Sie ernährt sich vom Blut und/oder Gewebe des Wirts, schadet ihm aber, wie bei wahren Parasiten üblich, nicht ernsthaft. Er bietet ihr endlos Nahrung und transportiert sie vor allem durch den Fluss. Die Glochidium-Larve ist nur nebenbei Parasit, in erster Linie muss sie verhindern, weggespült zu werden, damit die Flusspopulation nicht schrumpft. Was könnte es also Besseres geben, als sich an einen Fisch zu klammern, das Larvenstadium mit der Metamorphose zu beenden und sich auf den

Grund sinken zu lassen? Mit etwas Glück landet man oberhalb seines Geburtsorts, auch wenn ein Teil der Population unweigerlich im salzigen Mündungswasser landet. Aber ein paar schaffen es immer. Dass die Glochidium-Larve die Ressourcen ihres Wirts – gratis – nutzt, ist nur ein angenehmer Nebeneffekt, auch wenn Nahrung natürlich lebensnotwendig ist, wenn man sich von einer winzigen Glochidie in eine große, filtrierende Muschel verwandeln will.

Weil sich die Muscheln von Fischen transportieren ließen, konnten sie auch stehende Gewässer besiedeln. Und heißen darum Fluss- und Teichmuscheln. Da der Mensch zu Zucht- oder Dekorationszwecken gern überall exotische Fische aussetzt, konnten manche Arten sogar neue Kontinente erobern. Die Chinesische Teichmuschel lebt heute in Rumänien, Frankreich, Slowenien, der Tschechischen Republik, Österreich, Serbien, Polen, der Ukraine, den Niederlanden oder Deutschland. In Italien wurde sie 1989–90 erstmals in der Emilia Romagna beobachtet, dann im Latium und anderen nord- und mittelitalienischen Regionen, etwa in Kampanien, im Volturno-Fluss. Im toskanischen Sumpfgebiet Padule di Fucecchio habe ich in den Schleusen der Regulierungskanäle zahlreiche Exemplare gesehen. Vor allem durch ausgesetzte Karpfen, ihre Wirte, wurden die kleinen chinesischen Glochidium-Larven in europäische Flüsse getragen. Die Chinesische Teichmuschel hat dank des Menschen also in letzter Zeit erheblich mehr geschafft als ihre Großeltern, die höchstens hoffen konnten, ein wenig flussaufwärts zu steigen oder auf einem überschwemmten Reisfeld von einem Kanal zum nächsten zu gelangen.

Nach ihrem kurzen Leben als Parasit verwandelt sich die Glochidium-Larve in eine junge filtrierende zweischalige Muschel, dazu sprengt sie die Zyste, lässt sich fallen und sinkt auf den Grund. Dort gräbt sie sich ein und nimmt ihr zweites Leben als sesshafte Süßwassermuschel auf. Manche Fluss- und Teichmuscheln haben besonders interessante Fortpflanzungsstrategien entwickelt. So geben *Ptychobranchus*-Weibchen Glochidium-Pakete ins Wasser, die kleinen Fischen oder Insektenlarven ähneln, selbst ein falsches Auge fehlt nicht. Die klebrigen Pakete bleiben an Wasserpflanzen oder am Substrat hängen, bis ein Fisch sie entdeckt und gutgläubig verspeist. Nun reißen sich die Larven los, hängen sich an die Kiemen des Wirts und profitieren von dem lebenden Taxi. Andere Arten beherrschen den Betrug noch besser. Wenn die Larven noch im Brutsack sind, nimmt der Mantelrand des Weibchens – der muskulöse Mantel zweischaliger Muscheln umhüllt die inneren Organe – eine Fischform an, mit Flossen und Schwanz und falschem Auge. Mit der Attrappe lockt das Weibchen echte Fische an, die nach Beute oder einem Sexualpartner suchen. Wenn sich das Opfer nähert, wird es in eine Glochidium-Wolke gehüllt. Nun haben die Larven leichtes Spiel. Das Weibchen der amerikanischen Regenbogenmuschel (*Villosa iris*) imitiert hingegen eine strampelnde Garnele, die typische Beute einer bei den Larven besonders als Taxi beliebten Barschart.

Manche Fluss- und Teichmuscheln wiederum werden, sozusagen als „Rache der Fische“, von Fischen zur Eiablage genutzt. Das Weibchen des Bitterlings, ein silbriges Fischlein aus der Karpfenfamilie, bildet zwischen April und Mai einen sechs Zentimeter langen Ovipositor aus, länger als es selbst, und legt damit ein oder zwei Eier in die Kiemenkammern von Teich- und anderen Muscheln. Es führt den Ovipositor quasi wie einen Katheter in einen der Syphons ein, schwimmt davon und sucht sich die nächste Muschel, bis es alle bis zu

100 Eier verteilt hat. Das Männchen, das hinter ihm herschwimmt, gibt in Nähe des einführenden Syphons ein wenig Sperma ins Wasser; dieses wird von der Muschel eingesaugt, erreicht die Eier und befruchtet sie. Die Männchen verteidigen die Muschel sogar gegen Konkurrenten, die die Eier ebenfalls befruchten könnten. Die Eier entwickeln sich in der Kiemenkammer weiter; nach zwei bis drei Wochen schlüpfen Jungfische und bleiben noch eine wenig in der schützenden Muschel, wo sie sich von ihrem Dottersack ernähren. Schließlich verlassen sie die Muschel über den ausführenden Syphon, ohne irgendeinen Schaden angerichtet zu haben. Die Muschel ist ein lebender Kindergarten.

Eine afrikanische Süßwassermuschel geht in puncto Parasitentum noch erheblich weiter. *Mutela bourguignati* bringt bis zu 380.000 Eier hervor, die wie bei den Teich- und Flussmuscheln im Körper der Mutter befruchtet werden. Aus den Eiern entwickelt sich eine hochinteressante, kaum einen Zehntelmillimeter große, runde Lasidium-Larve, auf der wie ein Sattel ein Häutchen liegt. Vorn besitzt sie zwei bewimperte Lappen, hinten zwei Reihen winziger Haken. Zudem ist sie mit zwei durchsichtigen, sehr langen, schlaffen Tentakeln umwickelt. Ein wenig sehen die Larven wie ein Jojo aus. Wenn sie ausgewachsen sind, landen sie über den ausführenden Syphon im Wasser. Nun entrollen sich die Tentakel, dank derer sich ein Fisch besser packen lässt. Mit etwas Glück trifft die Larve auf den Karpfenfisch *Barbus altianalis radcliffi*, ein Verwandter unserer Barben, haftet sich daran und wandelt sich nun zum Parasiten. Das Häutchen faltet sich auf, verlängert sich, seine Ränder verschmelzen, die Larve wird davon umwickelt: Aus dem Sattel ist ein Schlafsack geworden. Vorn wachsen der Larve zwei Röhrchen, Haustorien genannt, die

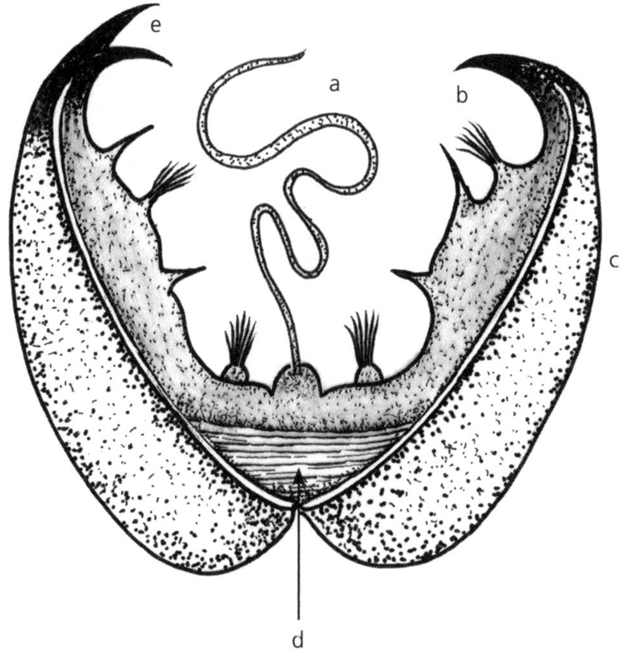

Abb. 21: Fluss- und Teichmuscheln. Glochidium-Larve: a. Haltfaden, b. Sinnesorgane, c. Schalen, d. Muskeln, e. Haken.

in das Fischfleisch eindringen. Sie dienen sowohl als Anker als auch zur Nahrungsaufnahme. Die Larve wächst und verändert sich, ist schließlich 15 Millimeter lang und bringt einen Stiel hervor, der aus dem Fisch herausragt. An dem Stiel sitzt eine Knospe, die sich nach und nach zu einer Muschel entwickelt: Zuerst bildet sich das Weichgewebe, dann der Schalenansatz, schließlich die einen Millimeter große, von der Larvenhaut geschützte Muschel. Platzt die Haut auf, sinkt die Muschel auf den Grund. Jetzt verankert sie sich mit ihren Byssusfäden (Haftfäden aus „Muschelseide“) am Grund und lebt als Filtrierer. Die Lasidium-Larve verhält sich wie ein parasitärer Pilz: Sie dringt in den Wirtskörper ein, ernährt sich davon, wächst und bringt ein externes Filament hervor, aus dem sich neue Individuen entwickeln. Nicht zufällig stammt die Bezeichnung *Haustorium* von Pilzen.

Die Lasidium-Larve ist zweifellos eine besonders extreme und differenzierte Muschellarve. Genauso wie die Lockangebote von Regenbogenmuschel und *Ptychobranchus* zu den unglaublichsten Mimikry-Beispielen und den bizarrsten parasitären Fortpflanzungsstrategien gehören. Besonders wenn man bedenkt, dass sie sogar ein Filtrierstadium umfassen, um ein Parasitenstadium zu fördern. Die Evolution der Weichtiere hat im Süßwasser scheinbar noch einmal von vorn begonnen, bereits vorhandene Elemente wurden an die neuen Gegebenheiten angepasst, und mit dem Parasitismus wurde ein neues Element eingeführt. Meeresmuscheln kannten das nicht. Die Regenbogenmuschel-Supermutter verwandelt sich für ihren Nachwuchs, so wie sich die Glochidium-Larve auf dem Weg zur adulten Muschel wandelt. Ihre Gestalt und Anpassungsstrategie wechseln fortlaufend zwischen sesshaftem adulten Filtrierer und wanderfreudiger parasitärer Larve.

Parasiten und Parasitoide

Der ewige, erbitterte und pausenlose Kampf ums Überleben wird zwischen Parasitoiden und ihren Wirten mit besonderer Härte geführt. An den Schlachten sind Zehntausende Tierarten beteiligt, aber da es sich um kleine Insekten handelt, nehmen wir großen Wirbeltiere das Kampfgetümmel kaum wahr. Die Protagonisten unter den zahlreichen Insektengruppen sind zweifellos die Hautflügler, insbesondere einige meist kleine, stachellose Wespen, die für uns harmlos sind, aber gegenüber ihren Opfern kein Erbarmen kennen. Fast alle gehören zu der großen Gruppe der Legimmen, die allerdings kein echtes Taxon bilden, weil sie nicht wirklich verwandt sind, sondern lediglich durch konvergente Evolution ähnliche morphologische und ökologische Eigenschaften teilen.

Was genau ist ein Parasitoid? Wie das Wort schon verrät, handelt es sich um ein Tier mit ähnlichen Eigenschaften wie ein Parasit. Ein Parasit lebt mit seinem Wirt, ohne ihn zu töten, er hat sogar ein großes Interesse daran, ihn möglichst lang am Leben zu erhalten. Der Tod seines Wirts würde ihm selber schaden oder ihn sogar umbringen. Man denke etwa an Bandwurm, Blutegel oder Krätzmilben. Außerdem besteht zwischen Parasit und Wirt in der Regel keine taxonomische Nähe. Viele Fadenwürmer, Plattwürmer, Gliederfüßer und Ringelwürmer sind Parasiten vollkommen anderer Gruppen wie Fische, Säugetiere oder Vögel. Zudem ist der Parasit normalerweise erheblich kleiner als der Wirt, was für ihn von Vorteil ist. Wie könnte ein Bandwurm oder eine Zecke so groß sein wie der Hund oder das Schwein, in oder auf dem sie leben? Anders der Parasitoid: Auch er lebt auf Kosten anderer, tötet aber den Wirt, was ihn in die Nähe der Räuber bringt.

Zudem besteht meist eine taxonomische oder ökologische Nähe zum Wirt, und er ist ähnlich groß oder sogar größer als dieser.

Wie also leben Parasitoiden, wer sind die Akteure dieses Schauspiels? Die Legimmen aus der Gruppe der Hautflügler heißen so, weil die Weibchen einen Legestachel besitzen. Bei einigen Hautflüglergruppen hat sich der Legestachel im Lauf der Evolution zu einem Stechstachel entwickelt, und zwar in etwa zur selben Zeit, als Wespen, Bienen und Ameisen anfingen, Staaten zu bilden. Welchen Nutzen sollte ein Legestachel haben, wenn nur noch die Königin oder eine begrenzte weibliche Kaste Eier legten? Ein Stachel mit Giftdrüse, mit dem man Nest und Königin vor Angreifern schützen oder Beute töten konnte, war da schon viel nützlicher. Genau dazu benutzen Bienen, Wespen, Hornissen, Hummeln oder Ameisen nämlich ihren Stachel. Doch die Legimmen haben einen anderen Weg eingeschlagen. Sie leben solitär und haben sich auf einen Wirt, meist eine Insektenlarve spezialisiert, in die sie dank Legestachel ihre Eier legen.

Das schlanke, anmutige, leuchtend gefärbte Brackwespenweibchen hat sich gerade gepaart. Es fliegt am Waldrand entlang und sucht nach Schmetterlingsraupen. An einem Schlehenbusch sitzen mehrere braune, stark behaarte Exemplare. Es ist Juni, eifrig knabbern die Baum-Weißling-Raupen an den runden Blättchen. Die Wespe nährt sich einer Raupe, sticht schnell und präzise zu und legt mehrere winzige Eier ab. Auch die langen Borsten der Raupe nützen nichts gegen den langen, elastischen Legestachel, der die Raupenhaut problemlos durchdringt. Die Raupe kann sich weder verteidigen noch fliehen, und schon nach wenigen Sekunden fliegt die Wespe wieder davon. Nach einigen Tagen schlüpfen aus den

Eiern Larven und ernähren sich vom Gewebe ihres Wirts, der weiterfrisst und -wächst, als wenn nichts wäre. Je größer die Raupe, desto mehr Nahrung für die Larven. Die weißen Larven ohne Beine und Augen (wozu bräuchten sie sie auch?) fressen und wachsen, wie im Schlaraffenland, einige Wochen lang ungestört in der Raupe. Erst wenn sie genug gewachsen sind und alle gleichzeitig den Wirt verlassen, stirbt die Raupe. Ihre Außenhaut zerreißt, und die Larven verwandeln sich noch auf ihr in seidige, gelbliche, ovale Kokons. Nach der Metamorphose verlassen die adulten Brackwespen den Kokon und fliegen davon, weg von der Raupe, die sie ernährt hat und nun nur noch eine leere Hülle ist.

Aber Legimmen sind nicht die einzigen Parasitoide. Auch Pflanzenwespen wie die *Orussidae* (auf die eng verwandte Riesenholzwespe komme ich noch zu sprechen) und viele Stechimmen pflegen diese Lebensweise. Unterschiedliche taxonomische Gruppen sind im Lauf der Evolution zu unterschiedlichen Zeiten und unabhängig voneinander zur selben Lösung gekommen. Genauso wie mit Walen, Robben und Seekühen unterschiedliche terrestrische Gruppen ins Meer zurückgekehrt sind. Die hübschen, schwarz-gelb gefärbten, großen Dolchwespen suchen beispielsweise in verrottendem Holz nach einem Nashornkäferengerling. Sie spüren ihn am Geruch auf, graben danach und haften ihm ein Ei an. Sein Schicksal ist damit besiegelt. Und Goldwespen machen nicht einmal vor den Larven anderer Hautflügler wie Bienen und Wespen halt. Die kleinen, leuchtenden Wespen dringen in Bienenstöcke ein und legen ihre Eier in Waben mit Larven. Wenn die Goldwespen-Larven schlüpfen, verspeisen sie nicht nur die Bienenlarven, sondern laben sich auch am Honig, und da sie durch ein robustes Exoskelett geschützt sind, schrecken sie nicht einmal davor zurück, adulte Bienen zu töten. Die wunderschön schillernden Goldwespen sind also nicht nur Parasitoide, sondern noch dazu Diebe, sogenannte Kleptoparasiten.

Unter den parasitoiden Stechimmen ragen die Grabwespen der Familie *Specidae* durch ihr komplexes Verhalten besonders heraus. Die großen, dünnen, solitären Wespen mit langen Beinen suchen nicht nur nach Insektenlarven, um dort ihre Eier abzulegen. Manche besonders großen, gelb-schwarzen Arten lähmen die Larven, zerren sie dann weg und bringen sie in ein eigens gegrabenes Nest. Daher der Name Grabwespen. Wenn in ihrem Nest mehrere Larven liegen, heften sie dem letzten Neuzugang ein Ei an, verschließen den Eingang und machen sich davon. Ihre Larven schlüpfen inmitten von lebendem Futtervorrat, fressen die fremden Larven nach und nach auf und verpuppen sich schließlich. Andere Grabwespenarten bevorzugen Spinnen oder Heuschrecken als Larvenfutter. *Sceliphron*-Grabwespen graben hingegen nicht, sondern mauern an geschützter Stelle ein Nest aus Schlamm, befüllen es mit Nahrung, legen ein Ei dazu, verschließen es und verschwinden. Wenn die wärmeliebende Wespe in eine Wohnung gelangt, baut sie ihr Nest auch hinter Möbeln, Bücherregalen oder Blumentöpfen. Und nicht alle verwenden zum Nestbau Schlamm. Einmal fand ich in meinem Landhaus, zwischen Fensterladen und -rahmen, Dutzende gelähmte, aber lebende Heuschrecken-Nymphen desselben Alters und derselben Art, die in ein Nest aus Pflanzenstängeln gewickelt waren. Es war länger niemand in dem Haus gewesen, ein scheinbar perfekter Ort für ein Wespennest. Als ich das Fenster öffnete, durchkreuzte ich die Pläne der Wespenmutter.

Im Frühjahr auf einem Weg am Waldrand. Eine Wespe mit dunklen Flügeln und vier goldgelben Punkten am Hinterleib, noch größer und kräftiger als eine Hornisse, fliegt am Boden entlang. Eindeutig ein Weibchen der Gelbköpfigen Dolchwespe. Die Weibchen werden mit fünf Zentimetern größer als die Männchen und zeichnen sich durch einen glänzend gelben Kopf aus. Diese hier scheint nicht an Blüten interessiert, aber auch nicht an Beutetieren, sie ernährt sich wie die Bienen vor allem von Nektar. Offenbar patrouilliert sie oder erkundet das Terrain. Doch was sucht sie? Dolchwespen sind mit 300 bekannten Familienmitgliedern weltweit verbreitet, Schwerpunkt Tropen. Alle sind Parasitoide von Engerlingen der Blatthornkäferfamilie, besonders vom Nashornkäfer, aber auch vom Maikäfer und anderen. Das trächtige Weibchen sucht einen im Boden versteckten Nashornkäfer-Engerling für ihre befruchteten Eier. Ihre Suche ist komplex, energieraubend, aber präzise. Nashornkäfer-Engerlinge entwickeln sich in Böden mit reichlich organischen Stoffen oder in verrottendem Holz, vor allem von Eichen. Die Gelbköpfige Dolchwespe weiß, wo sie suchen muss. Hat sie ein Opfer aufgespürt, gräbt sie mit ihren großen Mundwerkzeugen danach. Engerlinge sind sehr groß, quasi bewegungsunfähig und können nicht fliehen. Unter Energiegesichtspunkten eine sichere Sache: Der Aufwand lohnt sich. Mit einem Stich lähmt sie den Engerling, heftet ihm ein Ei an und fliegt davon. Wenn die Larve schlüpft, findet sie in dem Opfer genügend Nahrung. Wenn sie sich nach mehreren Häutungen in einen Kokon verpuppt, ist vom Engerling nur noch eine leere Hülle geblieben. Trotzdem muss er bis zum Schluss am Leben bleiben; wenn er verwest, würde er dem kleinen Schmarotzer nicht mehr nützen. Die adulten Wespen schlüpfen erst im nächsten Frühjahr. Die Männchen zuerst, sie warten und befruchten dann die Weibchen. Anschließend geht jeder seiner Wege. Der Engerling hat beim unterirdischen Kampf gegen die Gelbköpfigen-Dolchwespen-Larve keine Chance. Er kann nicht gewinnen, sich nicht wehren und erst recht nicht fliehen.

Viele Hautflüglerarten verfolgen ähnliche Fortpflanzungsstrategien wie die Gelbköpfige Dolchwespe. Wer zu seinem Pech den Holzwurm im Haus hat, könnte auch *Sclerodermus*-Wespen begegnen. Sie spüren Holzwurmlarven in ihren Gängen auf, lähmen sie und belegen sie mit einem Ei. Ihre Larven sind noch kleiner als Holzwurmlarven und ernähren sich von ihnen. *Sclerodermus*-Wespen regulieren also die Holzwurmpopulation und schützen die Möbel, haben aber die unangenehme Angewohnheit, zu stechen. Und trotz ihrer geringen Größe kann das Gift starke, schmerzhafte allergene Reaktionen hervorrufen. Tja, man kann nicht alles haben.

Während *Sclerodermus*-Wespen höchstens fünf Millimeter lang werden, kommt die Holzwespen-Schlupfwespe auf stolze vier Zentimeter. Wie die gesamte Schlupfwespen-Familie ist sie schön und anmutig. Sie hat eine schwarz-weiße Färbung, mit langen orangefarbenen Beinen und Fühlern, und ist parasitoid. Die Weibchen besitzen einen fadenförmigen Legebohrer, der fast so lang ist wie sie selbst. Vom Fühleranfang bis zum Legebohrerende kann ein Weibchen gut neun Zentimeter lang sein. Der lange Legebohrer ist für Schlupfwespen typisch. Doch was machen sie mit diesem riesigen Gerät? Die Holzwespen-Schlupfwespe bevorzugt als Wirt die Larven holzfressender Insekten, insbesondere der Riesenholzwespe. Sie weiß sich auf Baumstämmen geschickt zu bewegen, und mit ihren langen, empfindlichen Fühlern spürt sie den Schwingungen nach, die die Larven beim Graben der Fraßgänge

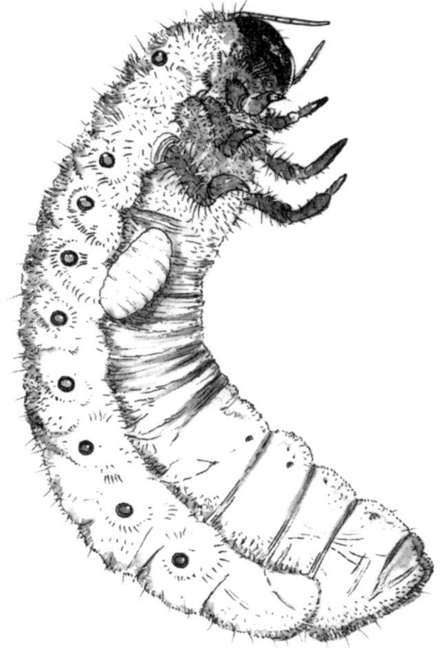

Abb. 22: Parasitoide: Larve der Gelbköpfigen Dolchwespe (*Megascolia flavifrons*) an einem Nashornkäfer-Engerling (*Oryctes nasicornis*).

erzeugen. Wie ein Ölsucher das Erdreich, sondiert sie das Holz. Hat sie die richtige Stelle gefunden, sticht sie mit dem Legebohrer tief hinein und heftet der Larve ein winziges Ei an. So winzig, dass es durch einen haarfeinen Legebohrer passt. Die Larve, die daraus schlüpft, wird die Holzwurmlarve von innen auffressen. Die lebenswichtigen Organe behält sie sich dabei bis zum Schluss auf. Ihre Nahrung soll möglichst lange leben. Die Schlupfwespenlarve häutet und verpuppt sich, nach der Metamorphose bohrt sie sich einen Ausgang durchs Holz und fliegt davon.

Mit Entsetzen habe ich vor einiger Zeit einen sogenannten Dokumentarfilm des Disney-Kanals „Animal Planet" verfolgt. Der Esel, hieß es dort, sei ein demütiges Tier, das sein Leben in den Dienst des Menschen stelle. Wie oft hat mich schon jemand gefragt, was wir denn von Tieren wie den Libellen hätten. Was Schlupfwespen und Parasitoide im Allgemeinen betrifft, kann ich sagen, dass sie für das Gleichgewicht der Ökosysteme und damit für den Menschen essenziell sind. Sie halten pflanzenfressende Insektenpopulationen in Schach, die sonst unkontrolliert Pflanzen oder ganze Ökosysteme zerstören können. Die Holzwespen-Schlupfwespe trägt zum Erhalt der Wälder bei, weil sie holzfressende Insekten dezimiert. Und Letztere wiederum führen die in den Bäumen eingeschlossene Energie zurück in den ökologischen Energiekreislauf und fördern durch den Befall kranker und alter Bäume die dynamische Erneuerung unserer Wälder.

Nicht die großen Tiere sind die wahren Hüter der Ökosysteme, sondern Insektenlarven, Parasiten, Parasitoide, Regen- und Fadenwürmer, Bakterien, Pilze und Viren. Ob uns das gefällt oder nicht, regeln Horden großer und kleiner Wespen in aller Stille das ökologische Gleichgewicht. Wenn Bauern

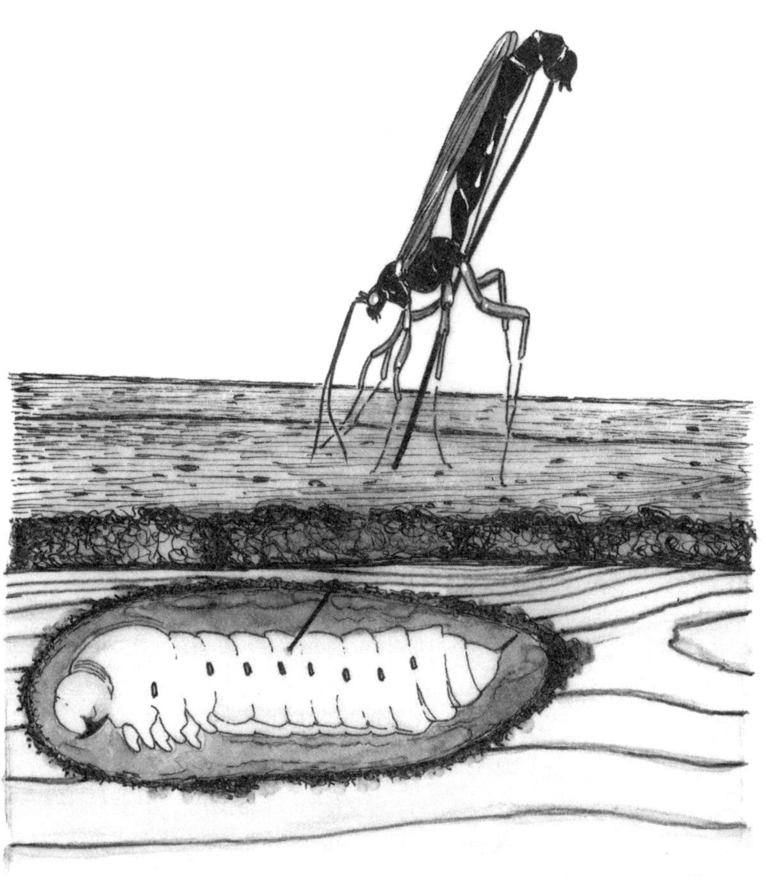

Abb. 23: Parasitoide: Eine weibliche Holzwespen-Schlupfwespe (*Rhyssa persuasoria*) legt mit ihrem langen Legebohrer ein Ei in eine Riesenholzwespen-Larve (*Uroceros gigas*).

Feldstücke brachliegen lassen oder entlang Gemüse- und Weingärten Hecken und Büsche pflanzen, betreiben sie natürlichen Pflanzenschutz, denn dort finden die adulten parasitoiden Insekten Blüten und Nahrung und legen ihre Eier in Raupen und andere Pflanzenschädlinge. Die Natur kann für sich selber sorgen. Wir müssen endlich begreifen, dass die intensive Landwirtschaft eine ungeheuerliche Verirrung ist, weil sie unsere Welt auf eine Weise steril machen will, für die sie nicht geschaffen ist. Dass parasitoide Larven den Wirt töten, der sie ernährt, mag uns grausam erscheinen, aber grausam ist allein der Mensch. Die Natur ist weder gut noch böse und mit Sicherheit nicht grausam.

Larven, die Larven fressen

Unter den Zehntausenden Fliegenarten gibt es ebenfalls parasitoide Arten, die auf Kosten anderer Insekten leben. Die Weibchen der mit etwa 8.000 Arten weltweit verbreiteten Raupen- oder Schmarotzerfliegen (*Tachinidae*) legen ihre Eier direkt auf ihre Opfer, in ihre Nester oder an Orte, wo diese sich aufhalten. Wenn die Made geschlüpft ist, dringt sie in das Opfer ein und frisst es von innen auf. Arten, die ihre Eier nicht direkt am Opfer platzieren, legen bis zu zehn Mal mehr Eier ab. Für die Made ist es in diesem Fall schwieriger, ein Opfer zu finden, viele sterben. Damit ausreichend viele überleben, muss die Ausgangszahl höher sein. Viele Arten sind zudem beinah ovovivipar: Die Maden schlüpfen unmittelbar nach der Eiablage und befallen sofort das Opfer. Bei einigen Arten bringen die Weibchen sogar fertige, hungrige Minimaden zur Welt, sie sind lebendgebärend (vivipar). Ovovivipare und vivipare Arten laufen nicht Gefahr, dass das Ei an einer Raupe haftet, die sich gerade häuten will, also nur an einer leeren Hülle klebt und vergeudet ist.

Eine scheinbar grausame Fortpflanzungsstrategie, aber Schmarotzerfliegen regulieren sehr effizient die Populationen der befallenen Arten. In der Landwirtschaft sind sie sehr nützlich (nützlich aus unserer anthropozentrischen Perspektive), weil sie ganze Schädlingsarmeen ausrotten, die sonst unsere Nahrungspflanzen befallen würden – sofern sie nicht ihrerseits durch Insektizide ausgerottet wurden. Kaum ein Insekt ist vor den larvenfressenden Maden sicher, weder Wanzen, Gottesanbeterinnen, Stabschrecken, Ohrenkneifer, Kakerlaken und Heuschrecken noch Schmetterlinge, Nachtfalter, Käfer oder Wespen oder Zweiflügler wie Schnaken und Bremsen. Häufig befallen die Maden die Nester parasitärer Wespen, die ihrerseits Raupen gelähmt und für eigene Larven gefangengesetzt hatten. Das Schicksal kann so grausam sein.

Bevorzugte Opfer von Schmarotzerfliegen sind jedoch die pflanzenfressenden Larven von Tag- und Nachtfaltern, Blattkäfern und Pflanzenwespen und nur ausnahmsweise adulte Insekten. Genau darum ist diese Familie für Land- und Waldwirtschaft so unendlich wertvoll. Dagegen befallen Arten, die auf Kosten von Insekten mit unvollständiger Metamorphose wie Heuschrecken, Wanzen und Schaben leben, sowohl Nymphen wie adulte Exemplare. Offenbar kann ein Parasitoid irgendwie „wahrnehmen", dass zwischen einer jungen und adulten Kakerlake keine Verpuppung liegt, die die beiden Phasen wirklich trennt. Und nicht nur das: Der Parasitoid von Tag- und Nachtfalterraupen muss seine Entwicklung und Metamorphose früher abschließen als der Wirt, sonst würde er am Ende des Raupenstadiums sterben. Ein erbarmungsloser Wettlauf gegen die Zeit. Er muss den Wirt einerseits entsprechend der eigenen Entwicklung bis zum letzten Moment ausbeuten, andererseits darf er es nicht zu weit treiben, sonst würde er bei der Metamorphose des Wirts, die dieser angesichts der inneren Verletzungen in der Regel allerdings nicht mehr erlebt, den Kürzeren zu ziehen. Bei Käfern kommt es in seltenen Fällen vor, dass sie im adulten Stadium von Parasitoiden befallen werden oder der Parasitoid die Metamorphose überlebt und sich im adulten Käfer zu Ende entwickelt. Aber Käfer sind primitive holometabolische Insekten, die der Hemimetabolie näherstehen als Schmetterlinge. Zudem sind viele adulte Käfer langsam, reaktionsschwach und können nicht oder nicht besonders gut fliegen. Sie sind gegenüber Angriffen wehrloser. Und einige Schmarotzerfliegenarten haben gelernt, die reichlich vorhandene und bequeme Ressource auszunutzen.

Und die Opfer? Haben sie keine Waffen, um sich zu verteidigen? Nehmen sie ihr Schicksal einfach hin? Nicht immer. Parasitoide Wespen legen ihr Ei in eine Raupe, sie kann ihrem Schicksal als lebende Nahrungsreserve nicht entgehen. Niemand kommt, um das Ei operativ zu entfernen. Aber Schmarotzerfliegen besitzen keinen Legebohrer, sie heften ihr Ei im besten Fall an oder legen eine Made ab. Ehe die Made aus dem Ei schlüpft oder eingedrungen ist, kann die befallene Raupe noch etwas tun. Oder sie kann sich gegen die Fliege wehren, ehe sie zur Tat schreitet. Die Raupen wehren sich mit ruckartigen Bewegungen oder würgen den Mageninhalt hervor, und manchmal haben sie damit Erfolg. Blattkäfer sondern dagegen an den Gelenken eine giftige Flüssigkeit ab, übrigens auch, wenn man die hübschen Tiere auf die Hand nimmt. Manchmal fressen die Raupen das Ei, ehe die Made geschlüpft ist. Dazu müssen sie das Ei mit den Mundwerkzeugen allerdings erreichen können, oder sie ziehen sich zusammen, bewegen sich oder reiben sich an etwas, um das Ei abzustreifen.

Am erstaunlichsten ist allerdings, dass sich potenzielle Opfer offenbar gegenseitig helfen. Raupen, die in Gruppen leben, verscheuchen die Fliege gemeinsam, auch wenn nur eine der Raupen in Gefahr ist. Und viele Raupen fressen die angehefteten Eier anderer, wenn diese sie nicht selbst erreichen können. Das tun auch sonst solitär lebende Raupen. Leben viele Raupen auf engem Raum, verteidigen sie die Gruppe. Ein altruistischer Akt, wie er bei Insekten selten zu beobachten ist, aber wenn wir ehrlich sind, bei vielen Menschen ebenso wenig. Bei diesem Kampf in winzigem, für unsere Augen quasi unsichtbarem Maßstab ruft jede Reaktion eine Gegenreaktion hervor. Manche Schmarotzerfliegen legen ihre Eier an Blattunterseiten ab. Schlüpft die Made, klebt sie noch am Blatt, doch sobald sich das Blatt stärker bewegt, wird die winzige Larve in die Luft katapultiert und schwebt auf der Suche nach einem Wirt durch die Luft. Mit einer Art Mundhaken klammert es sich am Opfer fest oder nimmt bei Bedarf eine klebrige Flüssigkeit zu Hilfe. Die geduldige Made kann bis zu zehn Tage warten. Maden anderer Arten machen sich hingegen entschlossen und schnell, geleitet von chemischen Rezeptoren, auf die Suche – nach Skarabäus-Engerlingen im Boden oder Holzwurmlarven im Holz.

Hat die Schmarotzerfliege den Kampf gewonnen, ist das Schicksal des Wirttieres besiegelt. Die Maden dringen durch das Exoskelett oder das Tracheensystem, durch das Insekten atmen, in das Opfer ein. Mithilfe von Speichel weichen sie das Exoskelett auf und durchlöchern es, indem sie ihre

Mundwerkzeuge wie einen Nagelbohrer vor- und zurückbewegen. Arten, die adulte Käfer mit hartem Exoskelett befallen, besitzen sägeförmige Mundwerkzeuge. Die Maden gehen in drei Schritten vor: Zuerst ernähren sie sich von Hämolymphe, dann von Fettgewebe, und erst kurz vor der Metamorphose werden sie lebensgefährlich. Erst jetzt bekommt das Opfer ernste Probleme. In Stadium eins und zwei verhalten sich die Maden wie Parasiten, in Stadium drei wie Parasitoide. Nun fressen sie die lebenswichtigen Organe, vom Opfer bleibt nur noch eine Hülle mit braunem Brei. Zuvor sondern sie antibiotische Stoffe ab, damit das Opfer nicht durch Bakterien befallen wird und fault. Zudem koten sie nur ein einziges Mal, kurz vor Ende ihres Madenlebens.

Dann folgt die Verpuppung, und hier gibt es viele Strategien: Manche Arten verpuppen sich in der toten Hülle des Opfers, andere verlassen sie und verpuppen sich darauf, wieder andere fallen zu Boden und lassen die leere Hülle zurück. Arten, die sich im Kokon des Opfers verpuppen, verlassen diesen über die Kopfseite, über die auch das adulte Opfer den Kokon verlassen hätte und die lockerer versponnen ist. Aber manche Hautflügler verpuppen sich nicht im Kokon, sondern in einer harten Puppe, die die adulte Schmarotzerfliege nicht verlassen könnte. Hier sorgt die Made vor. Ehe sie sich verpuppt, schafft sie mit ihren Mundwerkzeugen ein Loch, durch das sie später wegfliegen wird. Dasselbe gilt natürlich auch für Arten, die sich in ihrem Opfer verpuppen. Einer der seltenen bekannten Fälle, in denen sich die Jungen selbst um ihre Zukunft kümmern.

Die befallenen Wirte, ob Raupen, Spinnen oder Heuschrecken, erleiden alle dasselbe Schicksal und müssen ohnmächtig zusehen, wie sie bei lebendigem Leib verspeist werden. In dem wirbelnden Drama aus Opfern und Peinigern gibt es aber auch noch bescheidenere Nebendarsteller: die Pflanzen. Nach der goldenen Regel, dass die Feinde meines Feindes meine Freunde sind, bilden manche Parasitoide und Pflanzen echte strategische Allianzen. Von Raupen befallene Pflanzen sondern etwa flüchtige Stoffe ab, die Parasitoide anziehen; sozusagen ein chemischer Hilferuf. Wenn parasitoide Wespen den Ruf vernehmen, eilen sie in Massen herbei. Von dem Hilferuf profitieren Wespenlarven und befallene Pflanzen also gleichermaßen. Und wenn ein Parasitoid angeflogen kommt, aber schon alle Raupen „besetzt" sind? Sein Ei in eine besetzte Raupe zu legen, wäre sinnlos, die Larve braucht eine Raupe für sich allein. Wespen meiden solche Raupen also, selbst wenn sie quicklebendig und von „freien" Raupen eigentlich nicht zu unterscheiden sind. Wie erkennen sie das? Die Antwort liefern die Pflanzen. Der Speichel befallener Raupen ist chemisch anders zusammengesetzt als der nicht befallener. Der chemische Reiz, der die Pflanze zum Hilferuf animiert, ist ein anderer, und darum auch ihr chemischer Hilferuf. Die Wespen wissen die Botschaft richtig zu interpretieren und vergeuden nicht unnütz Energie.

An den kleinen, grausamen Schlachten, die ich gerade beschrieben habe, sind nur Insekten mit vollständiger Metamorphose beteiligt. Vor allem an den Kämpfen zwischen Larven und Larven. Opfer und Täter sind hier Larven. Die adulten Wespen, die zumeist von Blüte zu Blüte fliegen, machen die Larve lediglich ausfindig, stechen sie an und legen ein Ei ab. Dann frönen sie weiter ihrem freien Leben im hellen Sonnenlicht. Wespenlarven und adulte Wespen leben also vollkommen unterschiedlich. Die Metamorphose verändert nicht nur das Erscheinungsbild, von der Larve zum Fluginsekt, sondern auch Ökologie und Ethologie. Die Larve ist parasitoid und fleischfressend, die adulte Wespe frei und blütenliebend. Auch hier hat die natürliche Selektion in zwei unterschiedliche Richtungen gewirkt, und in der Folge spezialisierten sich adulte Wespe und Larve in ihrer jeweiligen Nische immer weiter. Die Distanz zwischen beiden Stadien wurde immer größer und hat das Leben ein und derselben Wespe in zwei Hälften geteilt. Larve und adulte Wespe leben wie unterschiedliche Arten in unterschiedlichen ökologischen Nischen. Hinsichtlich unserer Vorstellung vom Individuum ergeben sich daraus viele Fragen, und meiner Meinung nach müsste sich das auch in unseren Berechnungen der Biodiversität widerspiegeln.

Heilige Pillendreher und Albtraumfliegen

Ich hatte schon immer eine Schwäche für die Blatthornkäfer (Gattung *Scarabaeus)* und ihre Pillendreher. Wenn ich als Student Käfer für eine Sammlung präparierte, gab ich mir bei einem Heiligen Pillendreher besondere Mühe, ihn exakt wie den der ägyptischen Hieroglyphen aussehen zu lassen. Alles an dem Käfer schien mir perfekt: die Proportionen, die glänzend schwarze Färbung, die Maserung der Flügeldecken, der gezähnte Kopfschild, dessen Zacken denen der Vorderbeine ähneln, die kurzen, bürstenartigen Fühler. Er war weder so bunt wie ein Schmetterling noch so strahlend wie eine Libelle oder schillernd wie andere Käfer, aber seine Harmonie schien mir einfach unübertroffen. Doch eigentlich ist er nur ein schwarzer Käfer, der Dungkugeln durch die Gegend rollt. Was soll daran so schön sein? Doch im Alten Ägypten war der Skarabäus trotzdem heilig. Und auch wenn hinter seiner

Verehrung damals eine komplexe Tag-und-Nacht-Symbolik stand, stelle ich mir gern vor, dass die alten Ägypter ihn ebenso wegen seiner harmonischen Proportionen bewunderten. Und aus einem sehr praktischen Grund.

Myiasen werden durch die Maden von Zweiflüglern hervorgerufen. Vor allem die Familie der Dasselfliegen heftet ihre Eier an Pferde, Schafe, Rinder und andere Wild- und Nutzsäugetiere. Die weißen, blinden Maden, die aus den Eiern schlüpfen, robben über den Wirt, bis sie Nasenlöcher, Mund, Anus oder eine offene Wunde finden, kriechen hinein und fressen fortan vom Wirtsgewebe. Manche Arten nisten sich im Maul von Pferden ein und ernähren sich von Zungen- oder Zahnfleischgewebe, andere bevorzugen Magen, Darm oder Haut. Eine echte Plage. Die Gattung *Gasterophilus* legt ihre Eier an Pferdehufen oder -flanken ab, wo die Maden nach wenigen Tagen schlüpfen. Leckt sich das Pferd, etwa weil es juckt, kommen die Maden in Berührung mit dem Maul – die Sache ist geritzt. Die Maden können aber auch selbstständig zum Maul robben. Einmal dort, häuten sie sich und wandern weiterfressend durch die Speiseröhre zum Magen. Hier häuten sie sich erneut, entwickeln sich weiter, lösen sich schließlich und gelangen mit den Pferdeäpfeln nach draußen. Im Boden verpuppen sie sich, schließlich schlüpfen aus der Puppe adulte Fliegen ohne Mundwerkzeuge, die nur wenige Tage leben, ohne zu fressen, sich aber paaren und neue Eier ablegen. Dafür müssen die Weibchen den Wirt nicht mal berühren. Dank einem stark gebogenen Hinterleib werden die klebrigen Eier wie mit der Pistole auf den Wirt katapultiert.

Heute wird den Myiasen mit Mückenschutzmitteln, Insektiziden und vor allem die Eindämmung der parasitären Fliegen durch verschiedene Techniken vorgebeugt, etwa durch die Freilassung steriler Fliegenmännchen. Doch für die Viehzucht in vielen Ländern stellen Myiasen noch immer ein großes Problem dar. Und stellen wir uns doch mal die Ägypter vor 3000 Jahren vor. Rinder und Schafe litten an Myiasen, und man konnte nichts dagegen tun. Es gab weder Insektizide noch Mückenschutzmittel. An Chemie war – leider oder glücklicherweise – nicht zu denken. Die befallenen Tiere magerten ab, gaben nicht mehr genug Milch oder Fleisch und starben. Eine Katastrophe für Handel und Überleben. Und hier, denke ich mir, kam der Skarabäus ins Spiel.

Aber ich schweife nochmal ab. Als ich für meine Doktorarbeit über Libellen vor Jahren in Südafrika war, schaufelte ich – inständig hoffend, es gäbe dort nicht zu viele Krokodile – schlammigen Grund aus Flüssen und Teichen, warf ihn ans Ufer und suchte darin auf allen Vieren nach Libellennymphen. Wenn der Matsch über den Boden floss, regnete es oft schon Minuten später große Pillendreher. Offensichtlich waren in der Gegend ganze Skarabäus-Scharen unterwegs. Der nasse Schlamm ähnelte Kuh- und Elefantenfladen, und bei dem verlockenden Anblick stürzten sie hinab, um ihre Dungkugeln wegzurollen. Es war zwar kein Kot, aber sah von oben so aus. Offenbar orientierten sie sich also per Sicht und nicht am Geruch.

Bei uns sind Pillendreher selten oder sehr selten geworden. Da nur noch wenige Nutztiere auf Wiesen weiden, finden sie zu wenig Kot für ihre Kugeln. Anders im alten Ägypten, so wie auch heute noch in vielen Gegenden der Welt. Der Heilige Pillendreher ist zwar flugunfähig, aber die alten Ägypter müssen dasselbe beobachtet haben wie ich: Große, schwarze Käfer tauchten aus dem Nichts auf, zerpflückten die frischen Kuhfladen, drehten sie in wenigen Stunden zu Kugeln und rollten sie weg. Damit fehlte den Dasselfliegenmaden ein entscheidendes Mosaiksteinchen in ihrem Lebenszyklus. Die Verpuppung wurde schwieriger. Die Mistkäfer haben den schädlichen Zyklus unterbrochen oder zumindest gestört. Kurzum, die Ägypter erkannten in dem Skarabäus einen wichtigen Partner im Kampf gegen die Dasselfliegen. Er war der einzige, den sie hatten. Der Skarabäus wurde in der Hoffnung, er würde dem Menschen im Kampf gegen die Fliegenplage beistehen, verehrt und zur Gottheit erhoben. Ein Käfer im Rang einer Gottheit: Das gefällt mir, auch wenn es heute blasphemisch klingt.

Gallen: ein Mikrokosmos für sich

Ein Wäldchen im Mittelmeerraum: Flaumeichen, Hopfenbuchen, Feldahorn, Manna-Eschen. Terpentin-Pistazien und Erdbeerbäume verraten mir, dass die Winter hier nicht allzu hart sind. Es ist Spätherbst, alles ist ruhig. Eine einzelne Hummel fliegt vorbei. Nur die Eichen haben noch Blätter, wenn auch braun gefärbt. Sie werfen ihr Laub erst mit den lauen, feuchten Märzwinden ab, wenn der Frühling kommt. Bei einer jungen Eiche sind die Äste mit braunen Kugeln übersät. Ich nehme eine ab, so groß wie ein Tischtennisball, leer und leicht, von holziger Konsistenz. Ich entdecke ein wenige Millimeter großes Löchlein, von einer Art Krone umgeben; wenn man genau hinschaut, sieht man kleine Spitzen.

Vor einigen Monaten ist eine kleine Eichen-Kronengallwespe (*Andricus quercustozae*) aus dem Löchlein geflogen. Was hat sie da drin gemacht? Sie gehört zur Familie der kleinen, biologisch sehr interessanten Gallwespen, durch die Gallen oder Galläpfel entstehen. Die Holzkugel ist ein Gallapfel. Das Löchlein wurde von einem parthenogenetischen Weibchen verlassen, das ohne Paarung fortpflanzungsfähige Eier ablegen kann. Aus den holzigen Gallen der Eichen fliegen ausschließlich parthenogenetische Weibchen. In ihrem kurzen Leben haben sie gerade mal Zeit, Eichenknospen zu finden, anzustechen und ihre unbefruchteten Eier abzulegen. Die Eiche, durch den Stich gereizt, bildet um die Eier einen Gallapfel, allerdings kleinere und ganz andere als die hölzernen. Die Eier überwintern darin, und im Frühling schlüpfen die Larven der nächsten Generation, wachsen, verpuppen sich, werden aber zu wesentlich kleineren Wespen als die vorige Generation. Sie sind nun männlich und weiblich. Im Mai verlassen sie die Gallen, fliegen weg, paaren sich und bringen befruchtete Eier hervor. Die Larven, die daraus schlüpfen, fressen wieder Eichengewebe und regen die Bildung der hölzernen Gallen an, aus denen schließlich wieder parthenogenetische Wespen fliegen.

An Eichenästen hölzerne Kugeln. An Heckenrosen rosafarbene Fadenbüschel. Buchenblätter mit kleinen, violetten Schläuchen. An Ulmen große, schwammige rosa Verdickungen. An Terpentin-Pistazien lange, hängende, bananenförmige Beutel. Andere Eichen mit rötlichen, klebrigen „Quallen". An Kastanienknospen und -blättern unregelmäßige Bälle, erst grün, dann rot. Die hölzernen Gallen der Kronengallwespen sind nicht allein. Schaut man sich im Wald oder an einer Flurhecke einmal genauer um, sieht man Gallen in allen Formen und Farben. Sie sehen anders als Früchte aus, irgendwie seltsam, noch dazu ist oft eine Pflanze befallen und ihre Nachbarpflanze nicht. Außerdem sind die Blätter in der Nähe häufig verdickt oder um Zweige und Triebe gewickelt. Eine ganze Armee kleiner und kleinster Insekten hat hier ihre Nische gefunden. Sie macht sich Baum- und Buschgewebe als Nahrung für ihre Larven zunutze. Zweiflügler und Hautflügler, Gleichflügler wie Blattläuse und Blattflöhe, Netzwanzen und sogar manche Netzflügler-, Käfer- und Schmetterlingsarten können Gallen bilden. Ihre Larven führen ein Leben im Verborgenen, von Nahrung umgeben und vor Parasitoiden und Räubern bestens geschützt. Gallen gehören zu den besonders rätselhaften, faszinierenden Interaktionen zwischen Tier und Pflanze. Gallen, Parasiten, Parasitoiden und andere Profiteure bilden einen Mikrokosmos für sich.

Denn selbst in den Gallen haben die Larven nicht ihre Ruhe. So leben etwa Erzwespen, eine Überfamilie in der Ordnung der Hautflügler mit zigtausend meist winzigen Arten, parasitär von Pflanzenparasiten wie eben Gallwespen. Mit ihrem Legebohrer stechen sie die Galläpfel an und legen ein Ei hinein. Nun leben zwei Larven im Gallapfel, eine ernährt sich vom Gallapfel, die andere von dieser. Die Erzwespenlarve frisst und tötet ihren Wirt, verpuppt sich und schlüpft als adultes Tier. Aus der Galle fliegt also nicht die Art, die den Gallapfel hervorgerufen hat, sondern ihr Parasitoid. Auch die biologische Schädlingsbekämpfung macht sich diesen Hyperparasitismus zunutze, beispielsweise gegen die Esskastaniengallwespe (*Dryocosmus kuriphilus*). Die kleine Gallwespe wurde aus China eingeschleppt und beeinträchtigt etwa in Italien seit Jahren die Esskastanienernte. Die gezielte Ansiedlung der Erzwespe *Torymus sinensis* reduziert die Population der Kastaniengallwespe erheblich, mit großen Vorteilen für den Kastanienanbau in ganz Italien.

Schon lange werden parasitoide Erzwespenarten gegen Raupen in Gemüsefeldern und Obstplantagen, gegen Olivenfruchtfliegen und andere Pflanzenparasiten eingesetzt. Um die blütenliebenden adulten Erzwespen anzulocken, lassen ökologisch bewusste Landwirte einen Wiesenstreifen stehen oder legen Blühstreifen an. Die Galläpfel bilden sich im Frühjahr, wenn die Pflanze aktiv ist und sich ihr Gewebe entwickelt. Im Sommer, wenn sich das Pflanzenwachstum verlangsamt, ist die Larve fertig entwickelt, verwandelt sich zum adulten Tier und fliegt weg. Die Galle wird von der Pflanze selber gebildet. Die Gallwespe impft sie dazu mit Stoffen, die den pflanzeneigenen Wachstumshormonen Auxin und Cytokinin ähneln. Die Pflanze wird durch den Stich zur Zellvermehrung angeregt und bildet das Gallengewebe, die Nahrungsgrundlage der Larve. Als sich der Hyperparasitismus der parasitoiden Erzwespen entwickelte, waren vermutlich zunächst beide Arten gallbildend. Bis heute gibt es mehrere Erzwespenarten, die sich von Gallwespenlarven und Gallen gleichermaßen ernähren. Doch wie sich solche Hyperspezialisierungen entwickeln konnten, ist und bleibt rätselhaft. Wann und wie wurde aus der pflanzenfressenden Larve eine parasitoide fleischfressende Larve? Warum hat eine gallenbildende Wespe ihre Eier plötzlich in vorhandene Gallen gelegt? Selbst wenn die Larven zunächst aus Versehen in ein und demselben Gallapfel landeten und die eine aus Not zum Kannibalen wurde, stellt sich immer noch die Frage, wieso dieses „Versehen" im Larvenstadium dazu führte, dass sich Verhalten und Ökologie der adulten Tiere veränderten.

Der Generationenpakt der Flöhe

Die Ordnung der Flöhe (*Siphonaptera*) umfasst weltweit über 2000 Arten, und alle sind blutsaugende Parasiten von Säugetieren und Vögeln. Die griechische Bezeichnung Siphonaptera sagt es schon: Flöhe besitzen keine Flügel, aber ein „Röhrchen", einen Stech- und Saugrüssel, mit dem sie zustechen und Blut saugen. Sie sind, leider, allseits bekannt, weil sie Mensch und Nutztiere schon seit jeher begleiten. Die furchtbare Beulenpest, durch die die europäische Bevölkerung ab dem 14. Jahrhundert in mehreren Wellen dezimiert wurde, wurde vom Floh übertragen. Der Floh überträgt das Bakterium *Yersinia pestis* von der Ratte auf den Menschen oder von Mensch zu Mensch. Man war gegenüber Bakterien früher machtlos, ahnte nichts von Mikroorganismen, geschweige denn von den Verbreitungswegen der Epidemien. Von Portugal bis Russland, von Großbritannien bis Sizilien raffte der Schwarze Tod zwischen 1347 und 1353, in nur sieben Jahren, über 20 Millionen Menschen hinweg, ein Drittel der damaligen Bevölkerung Europas.

Flöhe sind bekanntlich klein, braun und, anders als die flachen Läuse und Schaben, seitlich abgeplattet. Sie bewegen sich erstaunlich flink durchs Fell- oder Federkleid ihrer Wirte und hinterlassen einen juckenden Biss. Weder Hund noch Katze sind vor ihnen sicher, sie besitzen keine Flügel, aber können sehr gut springen. Ihre Sprungkraft verdanken sie ihrem kräftigen dritten Beinpaar, mit dem sie mindestens das Hundertfache ihrer Körperlänge überspringen können. Zweifellos sind sie im Tierreich die besten Springer. Ein Weitspringer würde es mit ihren Fähigkeiten bis zur 200-Meter-Marke schaffen, einem Känguru gelängen 100-Meter-Sprünge. All das ist allgemein bekannt, gilt aber nur für die adulten Tiere.

Flöhe sind holometabolisch: Wie Schmetterlinge, Bienen, Wespen, Käfer und Fliegen machen sie eine vollständige Metamorphose durch. Die Weibchen legen täglich ein Dutzend und mehr Eier auf oder in Nähe des Wirts. Nach wenigen Tagen schlüpfen daraus winzige, bräunliche, bein- und augenlose, aber borstige Larven. Anders als die wendigen adulten Flöhe, die man nicht zu fassen kriegt, sind sie äußerst schwerfällig. Sie verkriechen sich in Sand, Boden, Mauerritzen, Spalten und Lücken. In Häusern bevorzugen sie Betten, Teppiche und Hundekörbe. Die Larven ernähren sich nicht, wie die adulten Flöhe, vom Blut des Wirts, sondern von seinen toten Hautschuppen, Haaren und Federn oder auch den Exkrementen adulter Flöhe. Befallen Flöhe beispielsweise ein Haustier, spielt sich der gesamte Lebenszyklus am selben Ort ab. Die adulten Flöhe leben versteckt im Körbchen oder an anderen Aufenthaltsorten des Wirts, springen ihn dort an und saugen Blut. Nach Ende der Mahlzeit ziehen sie sich, anders als Läuse, in ein Versteck in Nähe des Wirts zurück. Dort koten sie, paaren sich und legen die Eier ab. Wenn die Larven schlüpfen, finden sie also reichlich Nahrung vor. Nach drei Häutungen verpuppen sie sich, und nach vollendeter Metamorphose springt ein bluthungriger Floh hervor. Flöhe mögen es warm. In gemäßigten Zonen sieht man sie nur von Frühling bis Herbst, im Winter verstecken sie sich. Auch die Puppen harren bis zum Frühjahr aus. Erst wenn die Temperaturen günstig sind, springt die neue adulte Generation hervor.

Die Annahme, durch Holometabolie sei die Konkurrenz zwischen jungen und adulten Tieren evolutionär ausgeschaltet worden, klingt angesichts des Lebenszyklus des Flohs überaus logisch. Wird etwa ein Dachsbau von Flöhen befallen, würde die Population mit jeder Generation empfindlich wachsen –

ein Weibchen legt ja Hunderte Eier. Die Konkurrenz um die Nahrungsquelle Blut würde bald unerträglich hart. Der Dachs würde darunter weniger leiden, da er den Bau jederzeit aufgeben kann, aber die Flöhe fänden nicht mehr genügend Nahrung. Die Larven konkurrieren hingegen nicht mit den adulten Flöhen. Sie ernähren sich von deren Exkrementen, von Hautschuppen oder ausgefallenen Dachshaaren. Ein perfektes System: In dem beengten Raum ohne weitere Nahrungsquellen wird die verfügbare Energie optimal wiederverwertet. Das adulte Tier könnte bei Bedarf den Bau verlassen, sich sogar vom Wirt heraustragen lassen, aber wie soll eine millimetergroße blinde, beinlose Larve woanders ihr Glück suchen? Sie verbündet sich sozusagen mit dem adulten Tier. So haben beide Lebensformen beste Überlebenschancen. Im Grunde eine Art Symbiose, aber innerhalb derselben Art, genauer genommen ein Generationenpakt. Wie bei Raupe und Schmetterling drängt sich auch hier die Frage auf: Wer von beiden ist der eigentliche Floh? Der springende Parasit oder seine Larve? Oder beide?

Ein Meister der Verwandlung

Auf einer Brombeerblüte sitzt ein winziges, flügelloses Tierchen, leuchtend orange, mit langen, kräftigen Beinen, am Hinterleib zwei dünne Fortsätze. Eine typische Larve aus der Ölkäferfamilie. Wie ein Passant auf belebter Straße bleibt Triungulinus (Dreiklauer) im überquellenden Insektenreich gern unbemerkt. Doch was macht er auf der Blüte? Er ernährt sich weder von Nektar noch von Pollen, liegt nicht auf der Lauer und versteckt sich nicht. Er wartet. Eine Biene lässt sich auf der Blüte nieder. Geschäftig macht sie sich mit dem Rüssel Platz, um in den Blütenkelch mit dem süßen Nektar zu kommen, ihre Beine sind schon voller Pollen. Sie bemerkt Triungulinus gar nicht, der sich nähert, springt und sich an ihrer Behaarung festklammert. Als die Biene in den Stock zurückkehrt, hat sie einen blinden Passagier. Sie begrüßt ihre Kolleginnen, tanzt, bewegt die Flügel und signalisiert den anderen, dass südlich, ein wenig entfernt, ein Brombeerbusch blüht. Triungulinus bleibt unbemerkt. Er lässt sich abfallen und krabbelt durch den Stock, auf der Suche nach den Waben mit den Eiern. Hungrig dringt er in eine Wabe ein, frisst das Ei, dann noch eins und noch eins. Es ist seine erste Mahlzeit. Sie ist nahrhaft und reichlich, er wächst und gedeiht. Wie alle Gliederfüßer muss er zum Wachsen das harte Exoskelett wechseln, in dem er wie in einer Ritterrüstung steckt. Er häutet sich zum ersten Mal, aber zum Vorschein kommt keine größere Version seiner selbst, sondern eine rundliche Larve mit Stummelbeinen. Sie interessiert sich nicht mehr für Eier, sondern kriecht zu den Honigwaben und stopft sich mit Honig voll. Dann häutet sie sich wieder, wird größer, aber mit noch kürzeren Beinen. Jetzt sieht sie wie eine fette Made aus, die auf ihrer Nahrung förmlich schwimmt. Dann, noch eine Häutung und die Beine verschwinden ganz. Mittlerweile ist der Sommer zur Neige gegangen, die Tage werden kürzer und kühler, die Bienen träger. Die Larve im warmen Stock verwandelt sich noch einmal: in etwas zwischen Larve und Puppe, in eine Scheinpuppe. So überwintert sie. Im nächsten Frühjahr häutet sie sich erneut und wird zur Puppe, dem letzten Stadium, ehe das geflügelte Insekt erscheint.

Ein Jahr, nachdem sich die Käferlarve in den Bienenstock hat transportieren lassen, schlüpft aus der Puppe ein

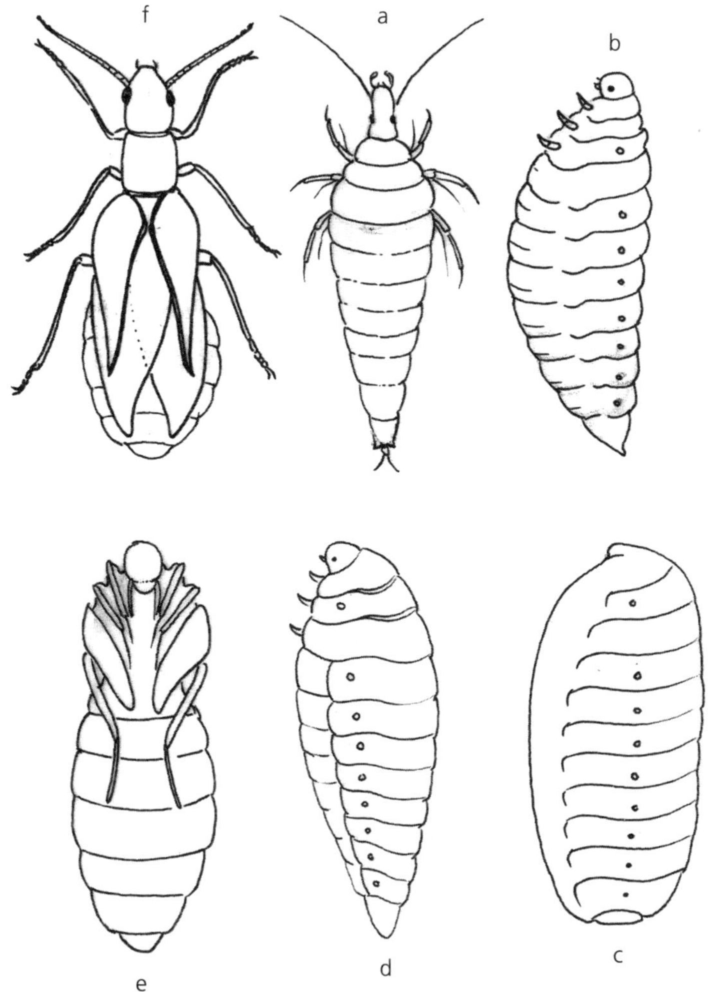

Abb. 24: Hypermetamorphose: Lebenszyklus eines Ölkäfers: a. Triungulinus, b., c. unterschiedliche Larvenstadien, d. Scheinpuppe, e. Puppe, f. adultes Insekt.

metallisch glänzender Käfer, der ob seines scharfen Geruchs von Räubern gemieden wird. Ungestört verlässt er den Bienenstock und fliegt davon. Auf einer blühenden Wiese sind andere Ölkäfer wie er. Männchen und Weibchen finden und paaren sich. Das Weibchen legt an Pflanzenstängeln oder am Boden Eier ab, aus denen winzige Triungulinus-Larven schlüpfen. Geduldig, aber entschlossen erklimmen sie eine Blüte und warten, dass eine Biene sie mitnimmt. Triungulinus macht eine Hypermetamorphose durch. Er verwandelt sich nicht nur von der Larve zur Puppe und über Metamorphose zum adulten Tier. Er durchläuft mehrere unterschiedliche Larvenstadien und wird, vor der eigentlichen Puppe, noch zur Scheinpuppe. Es gibt allerdings auch Metamorphosen mit entgegengesetzter Strategie, bei der die Larve ein Leben lang Larve bleibt. Zu diesen Tieren gehört, wie wir später sehen werden, der Grottenolm.

Die heikle Metamorphose der Mücke

In vielen Teilen der Welt hat die Malaria unzähligen Menschen das Leben gekostet. In den europäischen Ländern ist sie seit dem letzten Jahrhundert ausgerottet, allerdings kehrt sie durch Klimawandel und Migrationsbewegungen wieder zurück. Früher glaubte man, Malaria werde durch ungesunde Luft in den Sümpfen hervorgerufen (*mala aria* – schlechte Luft). Heute wissen wir, dass weibliche *Anopheles*-Stechmücken den Krankheitsauslöser, den parasitären Einzeller *Plasmodium* übertragen. Malaria tritt in warmen Regionen mit mehr oder minder stehenden Gewässern auf, weil sich die Mücken nur dort vermehren können. Die kleinen Fluginsekten sind amphibisch, ihre Larven brauchen Wasser. Wenn eine weibliche Mücke ein oder mehrmals Blut gesaugt hat, reifen ihre Eier heran. Nach der Paarung mit dem nicht stechenden Männchen fliegt sie zur Eiablage an ein Gewässer. Die 3500 weltweiten Mückenarten können bei der Wahl des Gewässers durchaus wählerisch sein, je nach Art bevorzugen sie Tümpel, salzige Küstentümpel, künstliche Wasserbecken, Seen, Teiche, langsam fließende Bäche, Sümpfe, überschwemmte Wiesen, Torfmoore, Astlöcher, Pfützen, Gullys, Regenrinnen, Regentonnen, Autoreifen, Töpfe, Topfuntersetzer. Keine Wasseransammlung ohne Mücken. Ehe das Weibchen die Eier ablegt, prüft es mit seinem Taster die Wassereigenschaften: Gibt es Räuber? Oder giftige Substanzen? Genug Nahrung? Schon andere Mückenlarven? Ist es mit der Wahl zufrieden, legt es auf der Wasseroberfläche Eiklumpen ab, wie die Gemeine Stechmücke, oder heftet einzelne Eier an, wie die Asiatische Tigermücke.

Aus den Eiern schlüpfen bald wurmähnliche Larven, mit Kopf, großen Facettenaugen und Mundwerkzeugen, am Körperende ein abgewinkeltes Atemrohr, das bei den *Anopheles*-Mücken allerdings fehlt. Über den Mundwerkzeugen sitzt eine vergrößerte Lippe mit Haarbüscheln. Die Larven haben weder Beine noch Kiemen oder Flügelansätze, aber tragen Borsten und Haarbüschel. Damit filtrieren sie Bakterien und organische Stoffe, von denen sie sich ernähren, aus dem Wasser. Sie leben kopfüber, das Atemrohr halten sie über die Wasseroberfläche und saugen Luft ein. Die *Anopheles*-Mücken hingegen positionieren sich parallel zur Wasseroberfläche und absorbieren Luft über ihre Außenhaut. Beim leisesten Schatten oder der geringsten Schwingung schnellen sie ruckartig abwärts und verschwinden aus dem Blickfeld. Man muss aber nur ein paar Sekunden reglos warten, dann kommen sie wieder an die Wasseroberfläche. Sie wachsen schnell, häuten sich, falls sie Parasiten und Räuber überleben, vier Mal und verpuppen sich.

Die Puppe sieht wie ein Komma aus: Während das hintere Atemrohr verschwindet, wird sie vorn rundlich, mit zwei ohrenähnlichen Anhängseln zum Atmen. Auch sie lebt zwecks Atmung knapp unter der Wasseroberfläche und reagiert auf Licht und Schwingungen. Bei Störungen taucht sie ab. Betrachtet man ihren vorderen Teil unter dem Mikroskop, sieht man Fühler, Beine und Flügel des adulten Tiers deutlich durchscheinen. Mit der Metamorphose wird die Larve schließlich zum Fluginsekt. Bei idealen Bedingungen dauert der Lebenszyklus der Mücke nicht einmal eine Woche, die Verpuppung, die bei Schmetterlingen mehrere Wochen dauern kann, ist nach wenigen Stunden zu Ende. Plötzlich reißt die Puppe oben auf, ein kleines Insekt steigt aus dem Wasser, befreit Flügel, Fühler und Beine, streckt sich und fliegt weg. Nicht die Geburt der Venus, aber ein magischer Moment. Und fast irreal: Die jungen Mücken, durch nichts als die unsichtbare Hülle geschützt, scheinen zu schweben. Wenn sie das Wasser verlassen, müssen sie schnell sein: Frösche, Fische, Wasserläufer und Vögel warten schon. Einen Moment lang können sie weder ins Wasser zurück noch fliegen. Schnelligkeit ist der Schlüssel. Sich auf der Exuvie haltend, breiten sie die Flügel aus, wärmen die Muskeln auf und surren davon. Ihr neues Leben in der Luft beginnt. Die Männchen ernähren sich von Nektar und anderen Zuckerlösungen wie Honigtau, die Weibchen von Blut. Nicht nur dem von Menschen: Kein Landsäugetier ist vor Mücken gefeit. Die Gemeine Stechmücke (*Culex pipiens*), die uns nachts plagt, stammt eigentlich von parasitären Vogelmücken ab. Doch mit dem Aufkommen der ersten Städte war menschliches Blut so reichlich vorhanden, dass sich der Wechsel zur anderen Art lohnte. Doch noch immer sticht die Gattung *Culex* Vögel und kann so zahlreiche Krankheiten von Vögeln auf Menschen und andere Säugetiere übertragen.

Das Doppelleben der Stechmücke verkompliziert ihre Bekämpfung, und seit sich die Tigermücke (*Aedes albopictus*) immer mehr ausbreitet und uns den Nachmittag im Garten vergällt, ist die Lage noch schwieriger geworden. Ihre Larven entwickeln sich in kleinsten, nicht zu kontrollierenden Wasseransammlungen.

Die Malaria konnte in Italien ausgerottet werden, weil man die großen Sümpfe trockenlegte und somit das Habitat der *Anopheles*-Mücke zerstörte. Aber wie soll man sich vor einer Mücke schützen, die ihre Eier in Topfuntersetzer, herumliegende Autoabdeckungen, auf Plastiktischdecken mit Wasserpfützen, in verstopfte Regenrinnen, Klärbehälter, Gullys, Astlöcher und Vasen legt? Wie viele wassergefüllte Vasen voll organischer Stoffe stehen allein auf unseren Friedhöfen? Das perfekte Habitat für die Larven der Asiatischen Tigermücke. *Aedes albopictus* wird heute mit dem Bakterium *Bacillus thuringiensis* bekämpft, das die Larven, die es fressen, vergiftet. Aber wie kann man in einer modernen Stadt jedes Wasser erreichen? Das Bakterium ist ein wichtiger Schritt im Kampf gegen die Mücken, weil es nicht die Umwelt verschmutzt, aber es verliert seine Wirkung, sobald es zum Grund sinkt. Die Larven können es dann nicht mehr erreichen. Außerdem ist es für andere Wirbellose im Wasser ebenso giftig, führt in natürlichen Umgebungen also zu unerwünschten Nebenwirkungen. Aus Sicht der Tigermücke ist ihre Fortpflanzungsstrategie eine Erfolgsgeschichte. Selbst unsere Technologien und Problemlösungsfähigkeiten führten bislang nur zu bescheidenen Ergebnissen.

Als ich Student war, war es Aufgabe unserer Fakultät, die römischen Bürgerinnen und Bürger über die damals neue Tigermücke zu informieren. Damals glaubte man noch, durch Informationen und vorbeugende Maßnahmen könne man die invasive Art aufhalten. Eines Tages betrat ich unseren Arbeitsraum. Auf einem Tisch nahe dem Fenster stand eine Vase mit Schnittblumen. Im Wasser zappelten Dutzende Tigermückenlarven.

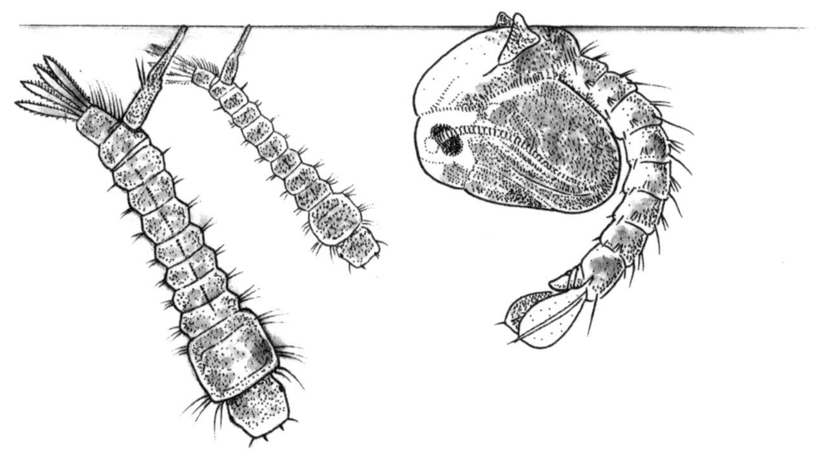

Abb. 25: Stechmücken (Ordnung Zweiflügler) a. unterschiedlich alte Larven, b. Puppe.

Teil VI
Amphibien: Metamorphose und Neotenie

Ich habe mir die Evolution immer als eine unendliche Vielzahl von Wellen vorgestellt, von denen jede eine andere Form in den Sand malt. Natürlich mit anderem Zeitmaßstab: eine Sekunde zu Millionen Jahren. Wenn eine Welle über den Sand geht, hinterlässt sie an Milliarden Sandkörnern zumindest für einen Moment einzigartige, unverwechselbare Spuren. Die nächsten Wellen verändern sie wiederum und hinterlassen ihre Spuren und so weiter ... Die Wasserlinie scheint uns unveränderlich, aber der Schein trügt. Die Sandkörner kehren nie an dieselbe Stelle zurück. Und genauso wenig nehmen wir die Evolution wahr, die in jedem Moment stattfindet. Von einer Evolutionswelle werden Milliarden Lebensformen erfasst, nur in unserem Zeitmaßstab scheint alles unverändert. Doch der Schein trügt.

Die ersten Lebensformen entwickelten sich im Meer, aber einige haben sich, in mehreren Wellen, an Land gewagt: erst die Gliederfüßer, dann andere Wirbellose, schließlich die Lungenfische, die sich, quasi amphibisch, auf schlammigem, flachem Grund fortbewegen konnten und so den Sprung aufs Trockene vollzogen. An Land folgten gewaltige Differenzierungen und außergewöhnlich vielfältige Anpassungsleistungen. Es galt, eine neue, noch unbesiedelte Welt zu entdecken. Aus den Gliederfüßern entwickelten sich die Insekten, die heute, Hunderte Millionen Jahre später, einen Großteil des tierischen Lebens auf unserem Planeten ausmachen. Aus einem

Zweig der primitiven Amphibien gingen die Reptilien hervor, und später entwickelten sich daraus die Säugetiere und Vögel, die modernsten Wirbeltiere. Ganz unterschiedlich geformte Wellen prägten die Uferlinie des Lebens, an der wir heute entlanggehen. Aber das war noch nicht die letzte. Viele Tiere sind ins Wasser zurückgekehrt und entwickelten sich dort stetig weiter. Zahlreiche Reptilien, Vögel und Säugetiere leben heute im Wasser, und Kinder können sich kaum vorstellen, dass ein Delfin kein Fisch und ein Pinguin ein Vogel ist. Wege und Rückwege der Evolution.

Mit der Metamorphose war es nicht viel anders. Unzählige Arten, die sich einst aus einem Ei über Larvenstadien und eine mehr oder minder vollständige Metamorphose zum adulten Tier entwickelten, sind gewissermaßen wieder umgekehrt. Neue Wellen haben Ufer erreicht. Insekten, Amphibien und Wirbellose aller Art schlugen einen scheinbar widersprüchlichen Weg ein und pflanzen sich heute im Larvenstadium fort. Das scheint paradox, wie fast alles im Leben. Wir konnten die Metamorphose und ihre Zweiteilung in Larvenstadium und adultes Stadium nachvollziehbar erklären: Die Larve frisst und wächst, das adulte Tier, das weiterwächst oder nicht, vermehrt sich. Im Meer verbreiten sich die kleinen, leichten Larven mit dem Plankton. An Land bewegen sich hingegen die adulten Tiere mit Beinen und Flügeln, während die Larven nur fressen. Bei vielen Süßwassertieren gibt es denn auch keine planktonischen Larvenstadien. Süßwasserkrebse wie Daphnien, aber auch im Süßwasser lebende Würmer, Schnecken oder Polypen entwickeln sich anders als ihre Meeresverwandten direkt, nicht über planktonische Larven.

Der Übergang vom Jugendstadium zum adulten Stadium ist durch die Geschlechtsreife markiert. Im adulten Tier reifen die Keimdrüsen, und die Fortpflanzungsfähigkeit gilt, neben den Unterschieden im Aussehen, die allerdings nicht immer so deutlich sind wie bei Raupe und Schmetterling, als entscheidendes Merkmal für die Grenze zum Jungtier. Aber viele evolutionäre Wellen haben Spuren hinterlassen. Praktisch in jeder Tiergruppe mit Metamorphose gibt es Arten, die sich im Larvenstadium fortpflanzen. Das nennt man, wie gesagt, Neotenie. Neotenie ist paradoxerweise gerade in den Tiergruppen besonders verbreitet, die die Metamorphose mit größter Meisterschaft beherrschen: bei Insekten und vor allem bei Amphibien, insbesondere den Schwanzlurchen. Da die evolutionären Wellen wie die Meereswellen voneinander unabhängig sind, hat jede Art ihre eigene Geschichte. Dass sich die Neotenie bei Art x unabhängig von der bei Art y entwickelt hat, versteht sich von selbst. Doch die Neotenie ist so weitverbreitet, dass sie evolutionär von Vorteil sein muss. Die Neotenie könnte, wie gesagt, am Anfang der Evolution der Chordatiere und damit auch von uns stehen.

Eroberer neu aufgetauchter Kontinente

Vor 400 Millionen Jahren, im Devon, entfernte sich eine Fischgruppe zunehmend vom Leben im Meer und besiedelte das Land. Aus ihrer Evolutionslinie gingen die Amphibien oder Lurche hervor. Mindestens zwei Merkmale befähigten diese Fische zum Leben an Land: Ihre Extremitäten ähnelten mehr Beinen als Flossen, sodass sie sich auch im flachen Wasser fortbewegen konnten, und sie besaßen Organe, mit denen sie Sauerstoff aus der Luft atmen konnten. Ihre direkten Nachfahren, die Amphibien, entwickelten sich im Lauf von

100 Millionen Jahren zu den Beherrschern der bislang nur von Wirbellosen besiedelten Kontinente. Wir befinden uns mittlerweile im Karbon und im Zeitalter der vierbeinigen Landwirbeltiere. Doch die Amphibien hatten, anders als ihre Vorfahren im Meer, ein großes Problem: Wo und wie sollten sich ihre schalenlosen Eier entwickeln, die an Land zum Austrocknen verdammt waren? Fisch- und Amphibieneier sind an die Bedingungen im Meer angepasst. Ihnen fehlt die schützende Schale und die mit Wasser gefüllte Eihaut (Amnion) der Reptilien, Vögel und der lebendgebärenden Wirbeltiere. Kurzum, die Eroberung der Kontinente ging mit dem Verlust geeigneter Eier einher. Die Amphibien konnten daher nicht wie später die Reptilien völlig auf Wasser verzichten. Ihre Eier konnten sich nur im Wasser entwickeln und das Junge, das daraus schlüpfte, durfte kein Landtier wie die Eltern sein, weil es im Wasser zur Welt kam. Die Bezeichnung Amphibien kommt im Übrigen aus dem Griechischen und bedeutet „mit Doppelleben". Während Embryo und Jungtier im Wasser aufwachsen, lebt das adulte Tier mehr oder minder an Land. Dazwischen liegt eine vollständige Metamorphose, die aus der Larve ein adultes Exemplar werden lässt, aus der Kaulquappe im Teich eine Kröte, die nachts durch die Gärten hüpft. Die Metamorphose der Amphibien ist so auffällig, dass es allein die Kaulquappe mit der Raupe als Aushängeschild der Metamorphose aufnehmen kann.

Die Klasse der Amphibien umfasst heute drei Ordnungen mit insgesamt über 7000 Arten: die eher unbekannten Schleichenlurche oder Blindwühlen, Froschlurche (Frösche, Kröten, Unken) und Schwanzlurche (Salamander und Molche). In ihren 300 Millionen Lebensjahren schlugen die Amphibien viele evolutionäre Wege ein, mit denen sich ihre Anpassungsstrategien vervielfältigten. Von einigen möchte ich erzählen.

Von der Kaulquappe zur Kröte

Die weitverbreiteten, meist sympathischen Echten Frösche, Kröten und Laubfrösche, allesamt Froschlurche, sind unterschiedlich stark ans Wasser gebunden. Laubfrösche verbringen den größten Teil ihres Lebens in Gehölzen und Krautgewächsen, wo sie nachts quaken. Kröten leben ausschließlich an Land, Echte Frösche dagegen überwiegend im Wasser, einige Arten auch fast nur an Land. Zur Fortpflanzung müssen jedoch alle ins Wasser zurückkehren.

Die Erdkröte (*Bufo bufo*) vermehrt sich als eine der ersten im Jahr. Sobald der Winter zu Ende geht, paaren sich Männchen und Weibchen an Teichen, Tümpeln, Brunnen und Bächen. Das um einiges kleinere Männchen klettert auf das Weibchen, umklammert es, wartet, bis es eine lange, gallertartige Laichschnur produziert, befruchtet diese und verschwindet. Männchen und Weibchen kehren nach getaner Arbeit auf ihre Wiesen zurück und jagen wieder Insekten und Schnecken. Der Laich entwickelt sich rasch, schon nach wenigen Tagen durchbrechen Hunderte kleiner schwarzer Kaulquappen die Gallerte.

Die Kaulquappe ähnelt mehr einem Fisch als einem Lurch: Sie hat keine Beine, dafür innen liegende Kiemen und einen langen Schwanz mit Flossensaum, dank dem sie hervorragend schwimmt. Sie frisst hauptsächlich Pflanzen, aber auch tote Tierchen, selbst andere Kaulquappen. Als tüchtige Pflanzenfresserin besitzt sie gute Knabberzähne und einen unter der glatten, dünnen Haut sichtbaren langen Darm. Durch ein Atemloch, hinter und unterhalb des linken Auges, gelangt das Wasser in die Kiemen, über die sie atmet. Die Kaulquappe frisst gierig und wächst schnell. Zum Sommeranfang ist sie zur Wandlung bereit. Am Schwanzansatz wachsen zwei Fortsätze, aus denen schnell Beine mit fünf Zehen werden. Es folgen zwei Vorderbeine. Aus der Fisch-Kaulquappe ist eine vierfüßige Kaulquappe geworden, die sich mit anderen Kaulquappen am Ufer versammelt. Der Schwanz verschwindet endgültig, die Kiemen schrumpfen, der Darm verkürzt sich, es wachsen Lungen, das Skelett vervollständigt und verfestigt sich, die Beine wachsen, die Zähne verschwinden, die lange, klebrige Zunge bildet sich. Aus der Kaulquappe ist eine kleine braune Kröte geworden, die das Wasser endgültig verlässt, keine Pflanzen mehr frisst und kein Wasser mehr atmet. Sie ist nun Fleischfresser, bewegt sich mit vier Beinen an Land und atmet Luft. Ihr neues Leben hat begonnen.

Die jungen Kröten sind so klein, dass sie auf eine Zwei-Cent-Münze passen, und daher ständig in Gefahr. Verteidigen können sie sich nur durch das Gesetz der großen Zahl, ihr scharenweises Auftauchen. Gemeinsam verlassen sie Tag für Tag, in Wellen, das Wasser. Als man das Phänomen zuerst beschrieb, dachte man bestürzt, es regne Kröten vom Himmel. Wer sich blitzschnell im Gras oder in Spalten versteckt, kann es schaffen, alle anderen fallen Vögeln, Eidechsen, Schlangen, Ratten, Spinnen und Ameisen oder dem Stiefel eines Anglers zum Opfer. Die jungen Kröten wagen sich nur nachts hervor, jagen kleine Wirbellose und müssen jahrelang wachsen, ehe sie die Geschlechtsreife und circa zehn Zentimeter Länge erreichen. Erst jetzt kehren sie ans Wasser zurück, um sich zu paaren.

Die anderen Froschlurche entwickeln sich ähnlich, auch wenn Färbung, Größe, Form, Lage des Atemlochs und anderes abweichen können. Die Kaulquappen der Erdkröten etwa sind schwarz, die der Echten Frösche und Laubfrösche hingegen grau gefleckt und meist größer. Und anders als bei den Kröten bleiben die Zähne von Fröschen und Laubfröschen auch im adulten Stadium erhalten.

Metamorphose im Magen

Die in großen Teilen Westeuropas verbreitete Gemeine Geburtshelferkröte (*Alytes obstetricans*) hat eine besonders originelle Vermehrungsform entwickelt. Die adulten Tiere sehen aus wie kleine Erdkröten mit sehr großen Augen. Wenn sie mit ein bis zwei Jahren geschlechtsreif sind, locken die Männchen mit ihren Rufen ein Weibchen an, umklammern es, stimulieren die Laichproduktion und befruchten schließlich den Laich. Dann wickeln sie sich die Laichschnur, mit bis zu 150 Eiern, um ihre Hinterbeine und machen sich davon. Die Laichschnur bleibt bei ihnen, bis nach drei bis sechs Wochen die Kaulquappen schlüpfen. Die Männchen schützen den Laich vor Räubern und vor dem Austrocknen, indem sie ihn regelmäßig ins Wasser tauchen oder sich an feuchten Stellen aufhalten. Wenn es so weit ist, kehren sie ins Wasser zurück und lassen die Kaulquappen schlüpfen, meist in kleinen Tümpeln. Die Kaulquappen brauchen für die Entwicklung bis zur Kröte ein Jahr und sind bei der Metamorphose bis zu fünf Zentimeter lang.

Die große Wabenkröte (*Pipa pipa*) war noch einfallsreicher. Anders als die Echten Kröten lebt sie dauerhaft im Wasser. Bei der Paarung befruchtet das Männchen den Laich und heftet ihn dem Weibchen an den Rücken. Er sinkt in spezielle Hautfalten, die sich nach einigen Tagen darüber schließen. Die Kaulquappen schlüpfen quasi aus der Haut. Einige amerikanische Frösche aus der Gattung der Beutelfrösche

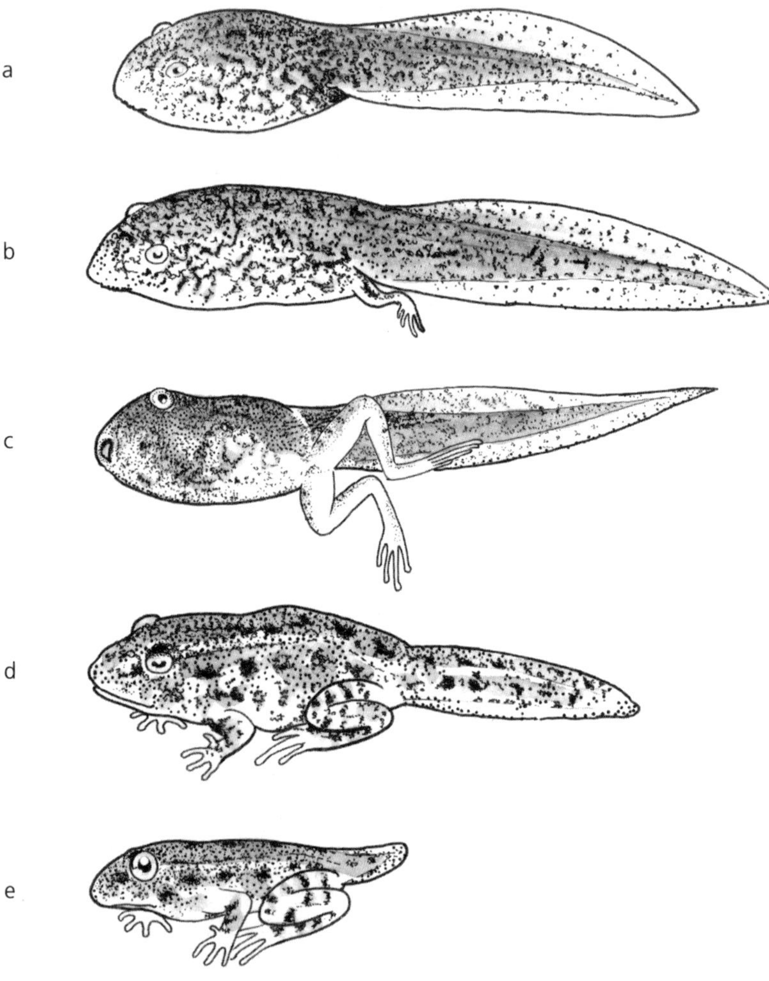

Abb. 26: Froschlurche. Lebenszyklus: a. Kaulquappe, b., c. Entwicklung der Hinterbeine, d. Abgeschlossene Entwicklung beider Beinpaare, beginnende Schwanzschrumpfung, e. junger Frosch mit Schwanzansatz.

(*Gastrotheca*) brüten den Laich in einem Brutbeutel am Rücken aus. Zum Schlüpfen der Kaulquappen zerreißen sie den Beutel mit den Hinterbeinen.

Geradezu unglaublich scheint auch das Verhalten der australischen Magenbrüterfrösche (*Rheobatrachus*) oder besser schien, denn die beiden vorkommenden Arten gelten mittlerweile als ausgestorben. Nach dem Laichen verschlucken sie sofort die Eier und behalten sie im Magen. Die Produktion von Magensäften wird derweil eingestellt. Was tut man nicht alles für den Nachwuchs! Die Kaulquappen schlüpfen und wachsen im Magen. Nahrung finden sie in den besonders großen Eidotterreserven des Laichs. Auch die Metamorphose findet im Magen statt. Während der gesamten sechswöchigen Entwicklung frisst das Weibchen nicht, wird aber immer dicker. Schließlich spuckt es fertige Frösche aus. Bei dem südamerikanischen Darwinfrosch (*Rhinoderma darwinii*) bewacht hingegen das Männchen den Nachwuchs, allerdings nicht im Magen, sondern in der Schallblase, mit der er zuvor die Balzrufe erzeugt hat. Zunächst bewacht er den Laich, und kurz vor dem Schlüpfen verschluckt er ihn. Gut geschützt entwickeln sich dort die Kaulquappen. Nach sechs Wochen spuckt der Vater die fertigen winzigen Frösche aus.

Der Grottenolm: embryonaler Kannibalismus

Auch die Larven von Salamandern und Molchen (Schwanzlurche) leben im Wasser, haben aber mit Kaulquappen wenig gemein. Nach dem Schlüpfen besitzen sie bereits vier Beine und sehen auch sonst fast aus wie das adulte Tier. Allerdings befinden sich rechts und links am Kopf gut durchblutete rote

Kiemenbüschel. Anders als bei den Kaulquappen liegen die Kiemen also außen. Ebenfalls wie ihre Eltern jagen sie kleine Wirbellose. Mit der Metamorphose tauschen sie eigentlich nur die Kiemen gegen eine Lunge. Doch die Metamorphose der Schwanzlurche ist unter zwei Aspekten interessant: der Neotenie und Adelphophagie.

Bei der Neotenie behält, wie bereits gesagt, das adulte, geschlechtsreife Tier die Larvenmerkmale bei, lässt die Metamorphose also aus. Sie entwickelte sich im Laufe der Evolution bei verschiedenen Arten, doch zumindest uns Europäern gilt der rätselhafte, leicht unheimliche Grottenolm (*Proteus anguinus*) als Inbegriff der Neotenie. Er lebt ausschließlich in den überfluteten Höhlen des dinarischen Karsts zwischen der Herzegowina und dem nordöstlichen Zipfel Italiens, stammt von Salamandern ab, ist jedoch stark durch seine unterirdische Lebensweise geprägt: aalähnlich geformt, bis zu 30 Zentimeter lang, weiß-rosafarben, da pigmentlos, und mit geschrumpften, von Haut überwachsenen Augen. Wozu soll man im Dunkeln auch sehen können? Er besitzt vier fadenförmige Beinchen mit vorn drei, hinten zwei Zehen sowie rechts und links am Kopf ein gut durchblutetes Kiemenbüschel. Als der Grottenolm im 17. Jahrhundert entdeckt wurde, Hochwasser hatte ihn nach oben gespült, hielten ihn seine Entdecker für ein Drachenjunges. Er kann dank seines extrem langsamen Stoffwechsels 100 Jahre alt werden, ernährt sich von Wasserwirbellosen und kann offenbar zehn Jahre lang fasten. In eiskalten Wasserläufen Hunderte Meter unter der Erde, in denen es fast kein Leben gibt, ein Insekt oder einen Krebs zu finden muss auch wirklich schwierig sein.

Erst nach über zehn Jahren, einige Jahre nach den Weibchen, erreichen die Männchen die Geschlechtsreife. Wie bei anderen Salamandern macht das Männchen dem Weibchen ein „Samengeschenk". Doch zunächst erfolgt die Verführung mit einem speziellen Tanz, natürlich mit Körperkontakt, sonst bliebe die Pantomime im Dunkeln unbemerkt. Dann legt es am Grund ein Samenpaket ab, das das Weibchen mit der Kloake aufnimmt. Erst jetzt erfolgt die salamandertypische innere Befruchtung. Das Weibchen legt Hunderte befruchtete Eier in Felsspalten ab, aus denen Monate später kleine Larven schlüpfen. Das passiert allerdings wohl nur alle sechs Jahre. Wie die Nahrungssuche ist auch die Partnersuche bei den Grottenolmen kein leichtes Unterfangen.

Anders als die anderen Salamander ist der Grottenolm neotenisch, Männchen und Weibchen gelangen ohne Metamorphose, das heißt, ohne die Kiemen zu verlieren, zur Geschlechtsreife. Doch warum? Es handelt sich in diesem Fall eindeutig um eine Anpassungsstrategie: Die adulten Tiere müssten das Wasser der unterirdischen Höhlen verlassen, was in diesem Fall nicht nur unmöglich, sondern auch sinnlos wäre. Der Grottenolm kann sich zudem nicht die geringste Energieverschwendung erlauben. Er braucht seine Energie, um alle sechs Jahre Eier und Spermien zu produzieren. Die Anpassung an das extreme unterirdische Leben ist eine Einbahnstraße. Wer diesen Weg einmal gewählt hat, den würde die Metamorphose nur Energie kosten, sodass er sich besser auf die zur Erhaltung der Art unerlässliche Geschlechtsreife konzentriert.

Doch der Grottenolm ist nicht der einzige neotenische Schwanzlurch. In Amerika leben sechs weitere neotenische Arten, unter anderem der Axolotl (*Ambystoma mexicanum*), der allerdings Opportunist ist: Er entscheidet sich je nach Fall auch für die Metamorphose. Normalerweise lebt er in

Gewässern mit wenig Nahrung und Jod, bleibt klein, behält das Larvenaussehen bei und pflanzt sich als Larve fort. Wird er allerdings von Menschen gehalten und richtig ernährt oder lebt er in nahrhafteren Gewässern, entwickelt er sich wie jeder andere Salamander durch Metamorphose. Dasselbe gilt für bestimmte neotenische Bergmolche in kalten, nahrungsarmen Gebirgsgewässern. Bewohnen dieselben Arten tiefer gelegene Gewässer, machen sie eine Metamorphose durch. Der Grottenolm aber hat keine Wahl. Neotenische Axolotl fressen sich offenbar auch gern gegenseitig, nur Sieger erreichen das Erwachsenenalter.

Manche Salamander gehen sogar noch weiter. In Italien leben drei Salamanderarten: Feuersalamander, Alpensalamander und Lanzas Alpensalamander. Salamander bewohnen feuchte Lebensräume, sind nachtaktiv und wesentlich weniger ans Wasser gebunden als Molche oder Froschlurche. Einige kann man eigentlich gar nicht mehr als Amphibien bezeichnen. Denn Amphibien stehen, wie wir gesehen haben, vor dem Problem, Eier ohne schützende Schale und Eihaut ausbrüten zu müssen. Die Salamander haben eine einfache Lösung gefunden: Sie sind ovovivipar. Wo könnten die Eier auch besser aufgehoben sein als im mütterlichen Körper? Plazenta oder ein anderes Austauschsystem zwischen Nachwuchs und Mutter gibt es nicht, die Mutter dient als persönlicher Miniteich. Feuersalamander bringen trotzdem Larven im Wasser zur Welt, doch die beiden Alpensalamander-Arten gebären adulte Exemplare, die sofort an Land, also nie im Wasser leben. Im strengen Sinne sind sie also gar keine Amphibien. Im Übrigen erfolgt auch die Paarung der Salamander an Land: Das Männchen legt ein Samenpaket ab, das das Weibchen mit der Kloake aufnimmt.

Salamander gebären sehr wenige Nachkommen, obwohl die Weibchen Dutzende Eier entwickeln, von denen viele auch von Männchen befruchtet werden. Was passiert mit den überzähligen Embryonen? Ganz einfach, sie dienen den anderen als Nahrung. Nur so kann sich ein Embryo zur großen Larve oder zum Jungtier entwickeln. Diese Form des embryonalen Kannibalismus nennt man Adelphophagie. Die Larven schlüpfen im Mikrokosmos des mütterlichen Uterus, fressen sich gegenseitig auf, die Überlebenden machen eine Metamorphose durch, und am Ende kommen zwei bis sechs Nachkommen zur Welt. Manchmal auch nur ein einziger, vermutlich besonders fetter.

Aber Adelphophagie ist nicht auf Salamander beschränkt: Sie wurde ebenso bei Haien und anderen ovoviviparen Tieren beobachtet. Auch bei Raubvögeln kommt sie vor. Schlüpfen die Jungvögel nicht gleichzeitig, werden die Schwächeren zum Futter der Stärkeren. Das Prinzip ist stets dasselbe: Die Energie, die zum Reifen und Schlüpfen der vielen Eier aufgewendet wurde, wird nicht sinnlos verschwendet, sondern durch Weitergabe an größere Geschwister mit besseren Überlebenschancen optimal genutzt.

Amphibien: das Ende der Metamorphose

Denken wir an Amphibien, kommt uns wohl als Erstes der Frosch in den Kopf. Er ist glitschig, hüpft, lebt im Wasser und kommt als Kaulquappe zur Welt, besitzt also die typischen Amphibienmerkmale. Doch andere Amphibien sehen keineswegs wie Frösche aus, nicht einmal wie Amphibien, eher wie Schlangen oder Regenwürmer. Die geheimnisvollen, evolutionär sehr alten Schleichenlurche der asiatischen, afrikanischen und amerikanischen Tropen leben in der Erde vergraben und heißen wohl auch darum Blindwühlen. Beine, häufig auch Augen fehlen, bei vielen zudem der Schwanz. Ihr langer Körper ist wie beim Regenwurm segmentiert und besitzt unter Umständen bis zu 200 Wirbel. Bei manchen primitiven Arten ist die Haut mit winzigen Schuppen bedeckt, ein Überbleibsel ihrer weit zurückliegenden Fischvergangenheit. Am Maul haben sie Fühler, mit denen sie riechen, der Kopf ist, passend für Erdarbeiten, verstärkt. Kurzum, nicht gerade das, was wir uns unter Amphibien vorstellen.

Die Befruchtung findet im Körper des weiblichen Schleichenlurchs statt. Das Männchen verfügt über ein Begattungsorgan: Eier extern zu befruchten ist im Erdreich schwierig bis unmöglich, ebenso die Weitergabe von Samenpaketen. Den Eiern fehlen wie bei Fröschen und Salamandern Schale und Eihaut. Viele Schleichenlurche sind wie Salamander ovovivipar, die Jungen entwickeln sich in einer Art Uterus, ernähren sich erst vom Dottersack und dann von einem Sekret der Uteruswände. Die Larven sehen ziemlich grotesk aus: An einem schlangenförmigen Körper sitzen wie zwei aufgeschwemmte Blätter Kiemenbüschel oder -beutel, die fast so lang sind wie sie selbst. Die Kiemengröße der Amphibien ist umgekehrt proportional zum verfügbaren Sauerstoff, und der ist im feuchten Gelände, Schlamm oder in den Rinnsalen, wo Schleichenlurche leben, knapp. Ein sperriger, aber wirksamer Kiemenapparat leistet da hervorragende Dienste. Ohnehin geht er schon vor der Metamorphose verloren, sodass die Larven am Ende ihrer Entwicklung schon stark ihren Eltern ähneln. Bei manchen Arten legen die Weibchen Eipakete ab, die sie mit dem Körper umwickeln und so bis zum Schlüpfen vor Räubern schützen.

Echte Frösche, Kröten, Laubfrösche, Salamander, Blindwühlen. Mit dem Erscheinen der Reptilien vor 250 Millionen Jahren, im Mesozoikum, verloren die Amphibien für immer die Herrschaft über das Land. Die ungefähr 7000 verbliebenen Arten leiden heute besonders unter Umweltverschmutzung und Trockenlegungen, unter der Zerstörung ihrer Lebensräume und auch unter Virus- und Pilzerkrankungen, durch die der Bestand dezimiert wird. Die Amphibien waren die letzte Tiergruppe, die die Metamorphose als Überlebensstrategie wählte. Alle Reptilien, Säugetiere und Vögel nach ihnen entwickeln sich direkt: Die Jungtiere ähneln bereits den Eltern und müssen, abgesehen von Größenwachstum und Geschlechtsreife, keine Verwandlung mehr durchmachen. Ernährung, Proportionen, Federn oder Fell verändern sich noch, aber das ist nicht im Entferntesten mit der Metamorphose von Qualle, Seeigel, Biene oder Frosch vergleichbar.

Epilog

Der Mensch, ein neotenischer Affe

Damit wären wir am Epilog angelangt. Wir haben, der Evolution folgend, mit den Schwämmen begonnen und mit den Amphibien geendet, die uns von allen Gruppen mit Metamorphose am nächsten sind. Wie gesagt bedeutet Amphibie „mit doppeltem Leben", das heißt zu Wasser und zu Land. Allgemeiner betrachtet sind allerdings alle Arten Amphibien, die ein hinsichtlich Morphologie, Ökologie und Ethologie doppeltes, nämlich stark unterschiedliches junges und adultes Stadium aufweisen. Viele Insekten, Würmer und Parasiten, zahlreiche aquatische Chordatiere und alle marinen Wirbellosen sind so gesehen Amphibien.

Doch als sich die Wirbeltiere weiterentwickelten, ist etwas passiert. Die Reptilien, direkte Nachfahren der Amphibien, brachten ein durch eine Schale geschütztes Ei mit internem Wasservorrat hervor. Der Embryo fand im Ei einen Mikrokosmos vor, der ihn von der Außenwelt unabhängig machte. Damit konnte sich erstmals ein Wirbeltier außerhalb des Wassers fortpflanzen. Die Vögel übernahmen die revolutionäre Erfindung. Darum fasst man Reptilien und Vögel heute gern in einer Gruppe zusammen. Abgesehen von der Frage Federn oder Schuppen, Fliegen oder nicht, bestehen zwischen beiden keine wesentlichen Unterschiede. Man muss kein Evolutionsbiologe sein, um das zu erkennen, man muss sich nur einmal Hühnerfüße näher anzuschauen. Vögel sind moderne Dinosaurier. Im Übrigen sind Federn und Daunen kein eigenständiges Vogelmerkmal; sie waren bei Dinosauriern schon verbreitet, ehe der erste Vorläufer der Amsel fliegen lernte.

Fassen wir also zusammen: Als sich bei den Chordatieren Eier mit Schale, Eigelb und Eiweiß entwickelten, die das Wasser als Element für die Fortpflanzung überflüssig machten, verschwand die Metamorphose. Landtiere mussten nicht mehr im Wasser zur Welt kommen, bei Reptilien und Vögeln gibt es keine Larven mehr. Doch die Säugetiere sind noch einen revolutionären Schritt weitergegangen: Sie legen keine Eier mehr, der Embryo entwickelt sich direkt im mütterlichen Körper. Primitive Säugetiere wie Ameisenigel oder Schnabeltier (Ursäuger) legen allerdings noch Eier und besitzen wie Reptilien eine Kloake, aber sie säugen ihre Jungen. Und bei den Beuteltieren (*Metatheria*) bleibt der Embryo nur kurze Zeit im Mutterleib und kommt noch winzig und relativ ungeformt zur Welt. Erst die Plazentatiere (*Eutheria*) haben die Revolution zu Ende geführt. Der Embryo entwickelt sich jetzt in der Gebärmutter, wo er über ein spezielles Organ, die Plazenta, ernährt und mit Sauerstoff versorgt wird. Bei der Geburt, häufig erst nach langer Tragzeit, sehen Säugetiere quasi wie ihre Eltern aus, wenn auch kleiner, manchmal nackt, blind oder kaum fortbewegungsfähig. Aber sie verlieren keine Organe mehr oder gewinnen gar neue hinzu.

Auch der Mensch gehört zu den Säugetieren mit Plazenta und ohne Metamorphose. Die Entwicklung, also die Zeit der Schwangerschaft und elterlichen Fürsorge, dauert bei ihm länger als bei jedem anderen Lebewesen. Und er gehört zu den langlebigsten. Warum also sollte ein Buch über Metamorphosen im Tierreich ausgerechnet mit einem Kapitel über den Menschen schließen? Das Phänomen der Metamorphose endet doch mit den Amphibien, wie wir gerade gesagt haben. Ja, das stimmt, aber gerade der Mensch erlaubt interessante Beobachtungen hinsichtlich der Neotenie. Bei der evolutionären Entwicklung der Chordatiere, zu denen auch wir gehören, sind wir der Neotenie bereits begegnet: Unsere fernen marinen Vorfahren stammten vielleicht von neotenischen Larven früher Stachelhäuter ab, denen sie wie ein Ei dem anderen ähnelten. Die Larven hätten demnach keine Metamorphose mehr durchgemacht, sondern im fortpflanzungsfähigen Stadium Larvenmerkmale beibehalten, die bis heute in unserer Wirbelsäule sichtbar sind. Wenn das stimmt, wären wir Abkömmlinge der Neotenie.

Und die Wissenschaft hat noch weitere überraschende Beobachtungen gemacht: Schon Ende des 19. Jahrhunderts fiel auf, dass der Mensch auf verblüffende Weise jungen Schimpansen ähnelt, die Ähnlichkeit mit älteren Schimpansen aber geringer ist. Genauso wie beim Vergleich mit unseren nächsten Verwandten wie Gorillas oder Orang-Utans. Die Jungtiere haben einen großen, runden Kopf mit senkrechter Stirn und kleinem, kaum vorstehendem Mund; auch in den Gesamtproportionen und anderen anatomischen Details gibt es große Ähnlichkeiten. Doch mit dem Alter verändern sich unsere Verwandten stark: Der Gehirnschädel wächst nicht weiter, die Gesichtsknochen verlängern sich zum vorstehenden Kiefer, dem typischen Merkmal der Primaten, die Zähne wachsen, Reißzähne bilden sich. Beim Menschen bleiben die Zähne dagegen klein, und der Gehirnschädel (*Neurocranium*) mit seinem wertvollen Inhalt wächst weiter, er bleibt der größte Schädelteil. Dafür bleibt der Kieferschädel (*Splanchnocranium*) klein. Wir sind zudem kaum behaart, unsere Arme im Vergleich kürzer als bei adulten Schimpansen, unsere Beine, wie auch beim jungen Schimpansen, dagegen länger. Im Grunde behalten wir im Erwachsenenalter, trotz sexueller Reife, die Jugendmerkmale unserer nächsten Verwandten bei. Kurzum und sehr verkürzt: Man könnte uns als neotenische Schimpansen betrachten.

Sprache, Kultur, die Fähigkeit, unsere Umwelt in unserem Sinne zu verändern, Religion, Kunst oder Technologie: Wir verdanken das, was uns von allen anderen Lebewesen, auch denen, mit denen wir 99 Prozent der DNA teilen, unterscheidet, der Struktur und Größe unseres Gehirns. Und das Gehirn möglicherweise der Neotenie, also einem Vorfahren, der seine kindlichen Proportionen beibehielt, während sein Gehirn weiterwuchs und verhältnismäßig groß blieb. Der Kopf eines Neugeborenen macht ein Viertel seiner Körperlänge aus, beim Erwachsenen ist das Verhältnis noch immer eins zu acht. Doch beim Schimpansen ist der adulte Gehirnschädel im Vergleich zum Jungtier winzig, darum wird die Stirn fliehend. Auch paläontologische Belege stützen die Theorie vom Menschen als neotenischem Affen. Beim Übergang vom *Australophithecus* zum *Homo erectus* und *Homo habilis* werden, wie Fossilienfunde zeigen, kindliche Merkmale zunehmend beibehalten, das Gehirn wird größer, der Kiefer kleiner. In Taung (*Australopithecus africanus*) und Modjokerto (*Homo erectus*) entdeckte Kinderschädel besitzen bereits die Proportionen der erwachsenen Nachfahren.

Die Theorie von der Neotenie des Menschen wurde schon im 19. Jahrhundert vertreten. Dazu trugen vor allem Beobachtungen des französischen Biologen Étienne Geoffroy Saint-Hilaire bei, der sich als einer der Ersten mit vergleichender Anatomie beschäftigte. Er verglich die anatomischen Strukturen verschiedener Wirbeltiere, analysierte Formen und Umweltanpassungen und versuchte, anhand dessen evolutionäre Prozesse und die Verwandtschaft existierender und nicht mehr existierender Gruppen nachzuvollziehen. Unter anderem studierte er dafür einen jungen Orang-Utan, der lebend nach Paris gebracht worden war. Er selbst hatte Skelette junger und erwachsener Orang-Utans bislang unterschiedlichen Arten zugeordnet, doch nun begriff er, dass es sich um Entwicklungsstadien derselben Art handelte. Der Schädel eines jungen Orang-Utans, schrieb er 1836, ähnele stark dem eines menschlichen Kindes. Das junge Affengesicht zeige dieselben Formen und Züge, die Liebenswürdigkeit und emotionale Offenheit eines Kindes. Und bei Verboten sogar dasselbe Bedauern und denselben Trotz. Wie furchtbar und ekelhaft tierisch, so Geoffrey im typischen Stil der Zeit, seien dagegen die Merkmale des erwachsenen Orang-Utans.

Im Jahrhundert darauf fand die Neotenie-These in Lodewijk Bolk einen Fürsprecher, einem allerdings eher problematischen niederländischen Anatomen. Er glaubte nicht wie Darwin an eine Evolution durch natürliche Selektion, Lebewesen würden vielmehr durch innere Reize geformt. Er suchte daher nicht nach Anpassungsgründen für die Neotenie, sondern gelangte anhand einer Liste mit neotenischen Arten zur Überzeugung, der Mensch sei, was seine körperliche Entwicklung betreffe, ein zur sexuellen Reife gelangter Primatenfötus. In den 1920er-Jahren unterstützte er mit der Aussage, die weiße Rasse sei die neotenischste, rassistische Thesen. Heute wissen wir, wohin das geführt hat.

Die Theorie vom neotenischen Affen hielt sich mehr oder minder bis in die zweite Hälfte des 20. Jahrhunderts. Noch

1971, ein gutes Jahrhundert nach Geoffroys ersten Beobachtungen, sah Konrad Lorenz beim erwachsenen Menschen so viele entscheidende kindliche Merkmale, dass nichts dagegenspreche, ihn als Sonderfall echter Neotenie zu betrachten.

Bolks Theorie hat heute keine Anhänger mehr; eine Theorie, die die natürliche Selektion leugnet, ist wissenschaftlich nicht haltbar. Dennoch waren seine und Geoffroys Annahmen nicht aus der Luft gegriffen. Dass der erwachsene Mensch einige seiner kindlichen Merkmale beibehält, ist nicht von der Hand zu weisen. In seinem Monumentalwerk *Ontogeny and Phylogeny* von 1977 versucht Stephen Jay Gould, die Dinge ein wenig zurechtzurücken. Nicht wegen seiner langen Liste bedeutsamer kindlicher Merkmale müsse der Mensch als neotenisch bezeichnet werden, so Gould, sondern weil seine Evolution durch allgemeine Entwicklungsverzögerungen charakterisiert sei. Man müsse menschliche evolutionäre Entwicklung vor dieser Matrix betrachten. Der Mensch sei weniger ein neotenischer als vielmehr ein spätentwickelter Affe. Die menschliche Neotenie liegt Goulds Meinung nach also in einer Entwicklungsverzögerung begründet. Der Mensch lebt sozusagen mit angezogener Handbremse: lange Schwangerschaft, lange elterliche Fürsorge, sehr lange Wachstumsphase, langes Leben. Aber wo liegt der Anpassungsnutzen einer solch verzögerten Entwicklung? Unsere Schädelform und -größe, die Position von Nahtstellen und Großem Hinterhauptsloch sind notwendige Voraussetzung für aufrechten Gang und Zweibeinigkeit. Anders könnten wir weder aufrecht gehen noch stehen. Unsere nächsten Verwandten können dies auch nicht. Selbst der Schädel eines Rattenfötus ähnelt unserem: rund, mit kleinem Gesicht unterm Gehirnschädel. Dank dieser Form wird der Raum der Gebärmutter optimal ausgenutzt. Aber im Lauf seiner Entwicklung verlängert sich der Rattenschädel. Genauso wie bei unseren nächsten Verwandten, den Primaten, jedoch nicht beim Menschen. Die Beibehaltung des Fetalschädels wäre demnach durch unsere Evolution zum zweibeinigen Tier mit riesigem Gehirn und hohem, rundem Kopf bedingt. Durch den zweibeinigen Gang wurden zudem unsere Hände frei, um Feuer zu entzünden, zu malen, pflügen oder Pokemon zu spielen. Der Preis dafür ist unsere niedrige Reproduktionsrate (und die schwierige Geburt). Auch sonst sind wir die Meister der K-Strategie: wenige Nachkommen, in die mit Stillen und Fürsorge viel Energie und Zeit investiert wird. Das genaue Gegenteil der r-Strategie der Ratte mit verlängertem Kopf: viele Nachkommen, auf wenige Tage begrenzte Fürsorge und dann: viel Glück.

Das Leben ist in jeder Hinsicht ewiger Wandel. Lebewesen sind das Ergebnis einer kontinuierlichen evolutionären Entwicklung, ob Bakterien, Insekten, Kröten oder Spinat, mikroskopische Algen, Würmer oder Wale, Spinnen, Venusmuscheln oder Sturmwellenläufer, Leguane, Schuppentiere, Seesterne oder der Mensch, alle ohne Ausnahme. Wir ranken uns wie eine Flechte über Fels über die dünne, vor Lebewesen wimmelnde Erdkruste. Wir sind nur unterschiedliche Erscheinungsformen desselben rätselhaften, sehr komplizierten Phänomens, das wir ‚Leben' nennen. Und in diesem Wanderzoo ist die Metamorphose nicht die Ausnahme, sondern die Regel, einschließlich *Homo sapiens*: Wir stammen von marinen Neumündern ab, deren neotenische Larven die Metamorphose irgendwann ausließen. Wir sind Affen mit sehr langsamer Entwicklung und kindlichen Merkmalen, die mit großem, rundem Kopf und kleinem, gedrücktem Gesicht als Erwachsene seltsamerweise jungen Schimpansen ähneln. Und

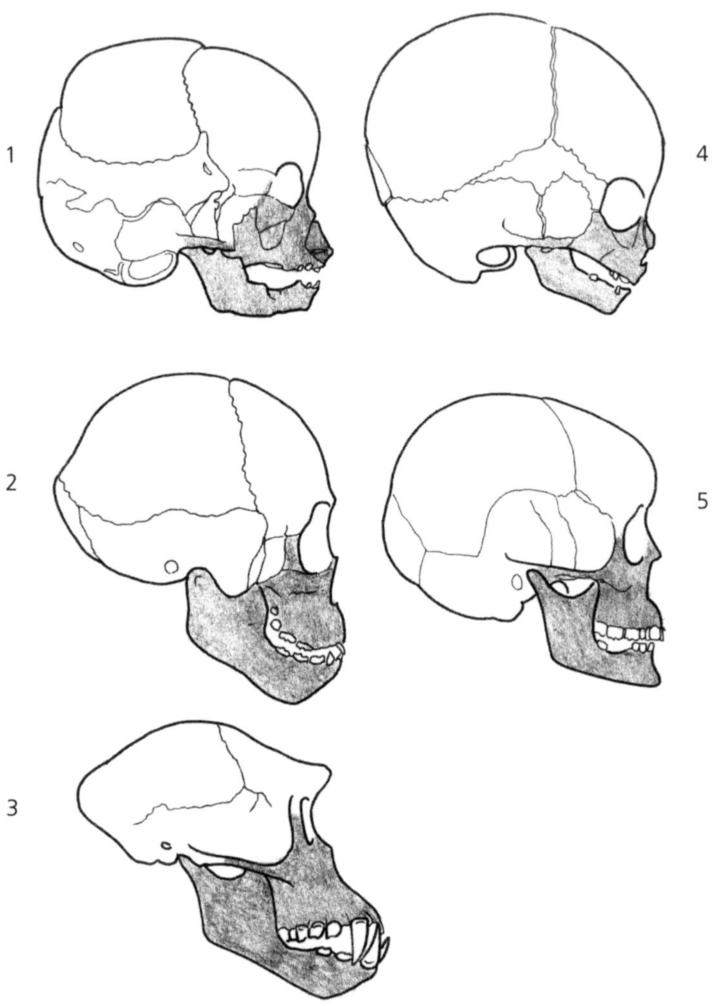

Abb. 27: Schädelentwicklung beim Schimpansen (*Pan*) und beim Menschen (*Homo*): Beim Schimpansen wachsen Kiefer- und Gesichtsknochen (Kieferschädel, in Grau) im Verhältnis stärker als der Gehirnschädel, beim Menschen entwickelt sich der Kieferschädel nicht so stark, das Gesicht ist vertikal und nicht vorstehend.
1. Fetalschädel eines Schimpansen, 2.Schädel eines jungen Schimpansen, 3. Schädel eines erwachsenen Schimpansen, mit Reißzähnen, 4. Fetalschädel eines Menschen, 5. Schädel eines erwachsenen Menschen (nicht maßstabsgetreu – gezeichnet nach Stephen Jay Gould, *Ontogeny and Philogeny*).

wenn der *Homo sapiens* wie alle Lebewesen eines Tages vom Planeten verschwindet, wird es den anderen nicht einmal auffallen. Der neotenische Affe ist nur eine von zahlreichen Arten, die sich in den letzten Milliarden Erdjahren den Staffelstab übergaben, ein erfolgreiches evolutionäres Experiment unter vielen. Reicht das, damit wir endlich aufhören, uns für die Krone der Schöpfung zu halten?

Danksagung

Ich fühle mich allen zu Dank verpflichtet, die mit Ratschlägen, Anmerkungen, Korrekturen, Kritik und Ermutigung die Metamorphose dieses Buches von der ersten Idee bis zum greifbaren Ergebnis im Buchregal ermöglicht haben.

Besonders danken möchte ich Marco Lucarelli, der das Buch wieder und wieder gelesen hat, mir Verbindungen und Argumentationslinien nahelegte und mich an mancher Stelle vor Peinlichkeiten bewahrte. Ich bin im Apennin aufgewachsen und kenne mich an Land aus; in der schwierigen Welt des Meeres war er mir ein unersetzlicher Ratgeber.

Ich möchte Marzia Minore danken, die mein Manuskript als Erste gelesen und viel Zeit geopfert hat, um es mit spitzem Bleistift zu verbessern. Auch wenn es vielleicht nicht so aussieht, ich habe auf sie gehört. Ich danke auch Giulia Martignoni, die mir gezeigt hat, wie ich mit weniger Einschüben auskomme, damit der Text flüssiger wird.

Mein besonderer Dank gilt Professor Gianmaria Carchini, der mir so viele Erfahrungen ermöglichte, mit dem ich im Lauf der Jahrzehnte so vieles gemeinsam veröffentlichte und der mir vor allem die Möglichkeit eröffnete, als Entomologe nach Südafrika zu gehen. Dieses Buch ist auch dank ihm entstanden.

Ich danke Michele Bellone für das Vertrauen, das er mit diesem Buchprojekt in mich gesetzt hat. Er hat das Projekt mit Begeisterung angenommen und mich beim Schreiben und Überarbeiten bis zur letzten aufregenden Endphase begleitet. Ebenso wie Michele danke ich Enrico Griseri für seine präzise, pünktliche und unersetzliche Arbeit am Manuskript, außerdem Enrico Casadei für seine Engelsgeduld mit meinen Zeichnungen bizarrer Tiere ohne klares oben und unten.

Ihnen allen danke ich von ganzem Herzen.

Außerdem danke ich meinen Leserinnen und Lesern und hoffe, sie mit diesem Buch wenigstens ein bisschen zum Staunen zu bringen.

Bibliografie

Wirbellose Meerestiere, Chordatiere und Fische

Martin, Joel W., Olesen, Jørgen e Høeg, Jens T., *Atlas of Crustacean Larvae*, Baltimore 2014.

Young, Craig M., Sewell, Mary A. e Rice, Mary E. (Hrsg.), *Atlas of Marine Invertebrate Larvae*, San Diego 2003.

„FishBase“, Datenbank: https://www.fishbase.se/search.php.

„MedLarvae“, Datenbank: https://medlarvae.net/.

Nadelfisch Carapus acus:

http://speciesidentification.org/species.php?species_group=fnam&id=1730.

E. Parmentier, David Lecchini e Pierre Vandewalle, *Remodeling of the vertebral axis during metamorphic shrinkage in the pearlfish*, in „Journal of Fish Biology“, 64, 2004, S. 159–169, unter https://www.researchgate.net/figure/Three-different-stages-of-Carapushomei-a-Vexillifer-110mm-total-length-LT-b_fig4_227696579.

Wirbellose Landtiere

Agenzia provinciale per la protezione dell'ambiente di Trento (Naturschutzbehörde der Provinz Trient), *Atlante per il riconoscimento dei macroinvertebrati dei corsi d'acqua italiani*, 5. Auflage, Trient 2005.

du Chatenet, Gaetan, *Coléoptères phytophages d'Europe*, Bd. 1, Verrières le Buisson 2017.

du Chatenet, Gaetan, *Guide des Coléoptères d'Europe*, Bd. 1, Neuchâtel und Paris 1990.
Grandi, Guido, *Istituzioni di entomologia generale*, Bologna 1978.

Libellen:

Corbet, Philip S., *Dragonflies: Behaviour and Ecology of Odonata*, Clochester (Essex) 2004.
Dijkstra, Klaas-Douwe B. (Hrsg.), *Field Guide to the Dragonflies of Britain and Europe including western Turkey and north-western Africa*, Oxford 2006.

Zuckmücken:

Edwards, F. W., *On marine Chironomidae (Diptera); with descriptions of a new genus and four new species from Samoa*, in „Proceedings of the Zoological Society of London", 3, 96, 1926, S. 779–806.

Schmetterlinge:

„Moths and Butterflies of Europe and North Africa", Datenbank: www.leps.it.

Bläulinge:

Fiori, Giorgio, *„Strymon Ilicis" Esp*, in „Bollettino di Entomologia", 22, 1956, S. 205–256, unter http://www.bulletinofinsectology.org/pdfarticles/vol22-1957-205-256fiori.pdf.
Pierce, Naomi E. et al., *The Ecology and Evolution of Ant Association in the Lycaenidae (Lepidoptera)*, in „Annual Review of Entomology", 47, 2002, S. 733–771.

Parasiten

De Carneri, Ivo, *Parassitologia generale e umana*, hrsg. von Claudio Genchi Edoardo Pozio, 13. Auflage, Mailand 2003.

Parasitäre Gliederfüßer:
http://www.urcasiena.com/wpcontent/uploads/2011/03/miasi.pdf.
https://www.iss.it/documents/20126/45616/Pag48_72Rapp94_08.pdf/54fa6953-2c74-be2e-c1e5-4fb1a3d924ff?t=1581101731260.

Amphibien

Lanza, Benedetto (Hrsg.), *Fauna d'Italia*, Bd. XLII: *Amphibia*, Bologna 2007.
Vitt, Laurie J. und Caldwell, Janalee L., *Herpetology: An Introductory Biology of Amphibians and Reptiles*, 4. Auflage, Amsterdam 2014.
Wells, Kentwood D., *The Ecology and Behavior of Amphibians*, Chicago–London 2007.

Neotenie

Choi, Charles Q. *Being More Infantile May Have Led to Bigger Brains*, in „Scientific American", 1. Juli 2009, unter https://www.scientificamerican.com/article/being-more-infantile/.
Gould, Stephen Jay, *Ontogeny and Phylogeny*, Cambridge MA 1977.
„Neoteny" unter https://www.sciencedirect.com/topics/agricultural-and-biological-sciences/neoteny.
Yong, Ed, *Genetic neoteny – how delayed genes separate human brains from chimps*, in „National Geographic", 24. März 2009, unter https://www.nationalgeographic.com/science/article/genetic-neoteny-how-delayed-genes-separate-human-brains-from-chimps.

Die Drucklegung erfolgte mit freundlicher Unterstützung durch
die Abteilung für deutsche Kultur in der Südtiroler Landesregierung.

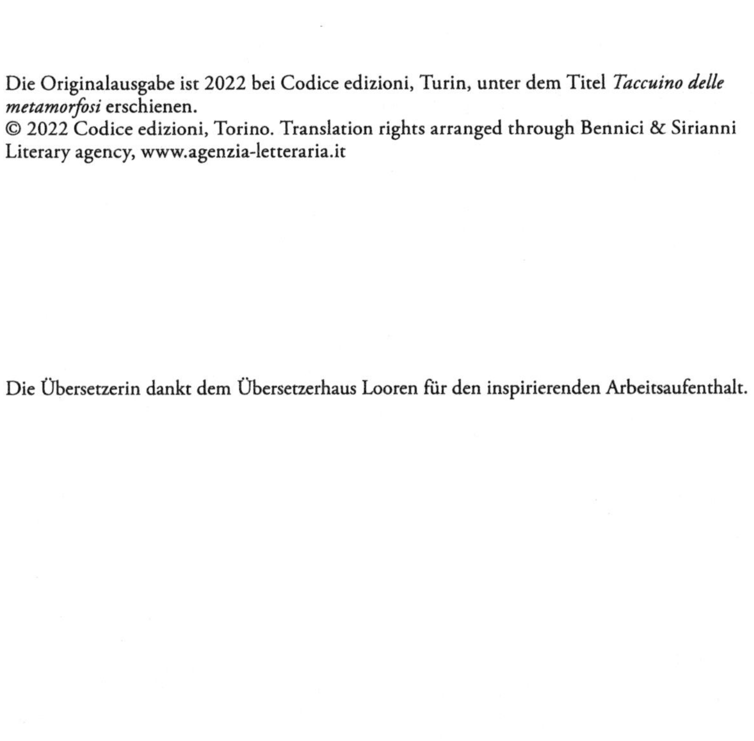

Die Originalausgabe ist 2022 bei Codice edizioni, Turin, unter dem Titel *Taccuino delle metamorfosi* erschienen.

Die Übersetzerin dankt dem Übersetzerhaus Looren für den inspirierenden Arbeitsaufenthalt.

Umschlag: Dall'O & Freunde unter Verwendung der Illustrationen des Autors

Lektorat: Susanne Eversmann
Fachliche Beratung: Günther Willinger

Grafische Gestaltung: Dall'O & Freunde
Druckvorbereitung: Typoplus, Frangart
Printed in Europe

ISBN 978-3-85256-880-5

www.folioverlag.com

E-Book ISBN 978-3-99037-146-6

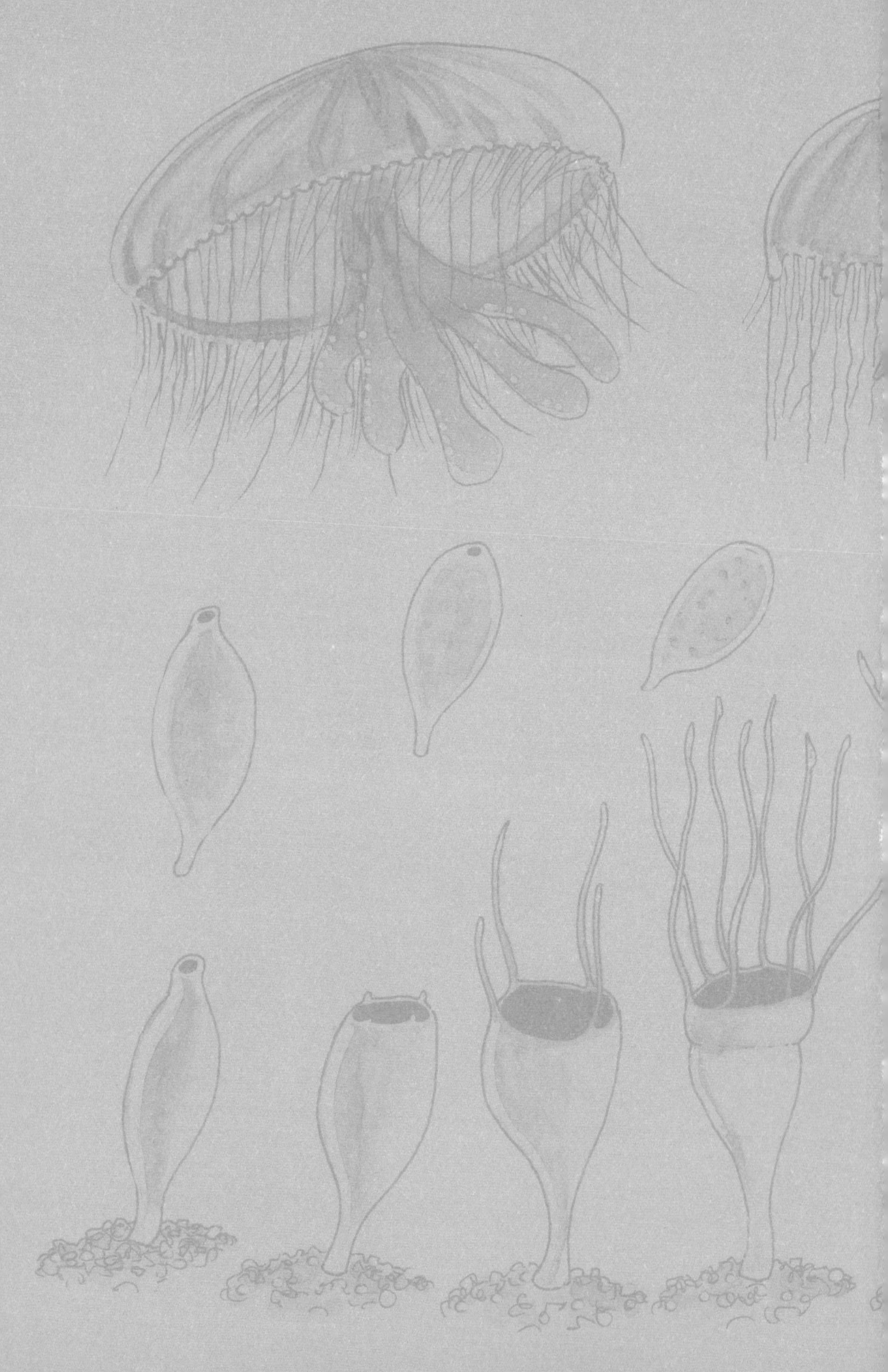